电子电气基础课程系列教材

电工电子技术基础实践教程

宋　暖　汤艳坤　编著

电子工业出版社

Publishing House of Electronics Industry

北京·BEIJING

内 容 简 介

本书是程继航、宋暖主编的飞行特色主教材《电工电子技术基础（第2版）》的姊妹篇。两本教材配合使用，可为学员提供"理、仿、实"一体化的电工电子学习体验。本书共9章，包含实验基本知识、常用仪器仪表、常用电子元器件、电路实验、模拟电路实验、数字电路实验、仿真实验、面包板实验和综合实践项目。

本书可为整个电工电子技术基础课程学习周期提供全方位的实践指导，可作为高等军事院校或航空航天院校非电类专业本科生"电工电子技术基础"课程的配套教学用书，也可供相关工程技术人员参考。

图书在版编目（CIP）数据

电工电子技术基础实践教程/宋暖，汤艳坤编著. —北京：电子工业出版社，2024.6
ISBN 978-7-121-48017-1

Ⅰ.①电… Ⅱ.①宋… ②汤… Ⅲ.①电工技术－高等学校－教材 ②电子技术－高等学校－教材 Ⅳ.①TM ②TN

中国国家版本馆 CIP 数据核字（2024）第 111904 号

责任编辑：凌　毅
印　　刷：中煤（北京）印务有限公司
装　　订：中煤（北京）印务有限公司
出版发行：电子工业出版社
　　　　　北京市海淀区万寿路 173 信箱　邮编：100036
开　　本：787×1 092　1/16　印张：11.75　字数：315 千字
版　　次：2024 年 6 月第 1 版
印　　次：2024 年 6 月第 1 次印刷
定　　价：39.00 元

凡所购买电子工业出版社图书有缺损问题，请向购买书店调换。若书店售缺，请与本社发行部联系，联系及邮购电话：（010）88254888，88258888。

质量投诉请发邮件至 zlts@phei.com.cn，盗版侵权举报请发邮件至 dbqq@phei.com.cn。

本书咨询联系方式：（010）88254528，lingyi@phei.com.cn。

前　言

电工电子技术基础是高等院校工科非电类专业的一门专业基础课程，是我校航空飞行与指挥军官学历教育学员的必修课程。在整个飞行人才培养链条中，电工电子技术基础作为自然科学课程与专业背景课程之间的桥梁，为后续课程及职业发展提供必备的基础理论和基本技能，对学员科学文化素养和信息素养的提升、科学实践能力的形成、创新精神和终身学习习惯的养成具有重要的支撑作用，并为后续专业背景和首次岗位任职课程的学习奠定扎实、宽广的基础。

本书是空军航空大学电工电子技术基础课程的配套教材，是程继航、宋暖主编的飞行特色主教材《电工电子技术基础（第2版）》的姊妹篇。这两本教材配合使用，可为学员提供"理、仿、实"一体化的电工电子学习体验。本书侧重于"仿"和"实"："仿"的部分，以Multisim14和EveryCircuit两款仿真软件为基础，设计了18个仿真案例；"实"的部分，依托电工电子综合实验系统、面包板、焊接等方式，挑选了25个典型实验案例；同时，精心设计5个综合实践项目，每个项目都明确了学习目标，设计了进阶性任务，制定了评分量表，在提升学习挑战度的过程中，最大限度地培养了学员自主学习、分析和解决问题的综合能力。本书为学员提供一本涵盖课内和课外，贯穿整个电工电子技术课程学习周期的全方位的实践指导，可供我校飞行学员和广大自学者学习参考，也可作为电工电子教员的教学参考用书。

本书包含9章内容，针对重难点问题，以二维码形式提供辅助学员理解的视频资源，全方位打造人人爱学、处处能学、时时可学的泛在化电工电子技术课程的实践学习环境。

新时代军事教育方针指出，要培养德才兼备的高素质、专业化新型军事人才。为此，编者特别建议学员在使用本书时，在能够实现相关电路基本实践功能的同时，在科学、安全的前提下，做到举一反三，不受所给参考电路的限制，拓宽思路，创新方法。

本书由空军航空大学的宋暖、汤艳坤负责组织编写并统稿，参与编写的还有陈大川、李井泉、张晖、丁长虹、李君、杨坤、王兆欣、石静苑、翟艳男、栾爽、裴昌利、张耀平、金美善、李晶、焦阳、李姝、高玲、刘钢、冯志彬、刘晶、李海涛。视频录制部分由王兆欣、张晖负责组织。

各章的编写分工如下：第1章由宋暖、汤艳坤、高玲编写，第2章由宋暖、陈大川、张耀平编写，第3章由汤艳坤、焦阳、李姝编写，第4章由张晖、王兆欣、刘钢编写，第5章由杨坤、丁长虹、裴昌利编写，第6章由李君、栾爽、金美善编写，第7章由翟艳男、李晶、宋暖编写，第8章由宋暖、李井泉、石静苑编写，第9章由宋暖、李君、翟艳男、张晖编写。

视频脚本编写和录制分工如下：第1章由张晖、丁长虹负责，第2章由李井泉负责，第3章由杨坤、李晶、丁长虹、裴昌利、汤艳坤、张晖负责，第5章由李井泉负责，第6章由汤艳坤负责，第7章由翟艳男负责，第8章由张晖、王兆欣负责，第9章由陈大川、裴昌利负责。

由于编者学识和经验有限，书中难免存在不足、疏漏甚至错误之处，恳请读者不吝批评指正。

编　者
2024年5月

目　　录

第 1 章　实验基本知识 ··· 1

1.1　实验须知 ··· 1

　　1.1.1　实验的目的与要求 ··· 1

　　1.1.2　实验的过程与任务 ··· 1

　　1.1.3　实验的安全与规则 ··· 3

1.2　实验测量 ··· 3

　　1.2.1　电测量 ··· 3

　　1.2.2　测量方法 ··· 4

　　1.2.3　计量的基本概念 ··· 5

1.3　实验数据处理 ··· 6

　　1.3.1　误差原因及分类 ··· 6

　　1.3.2　精密度和准确度 ··· 7

　　1.3.3　误差的表示方法 ··· 7

　　1.3.4　测量数据的读取 ··· 8

　　1.3.5　曲线修匀 ··· 9

第 2 章　常用仪器仪表 ··· 10

2.1　函数信号发生器 ··· 10

2.2　示波器 ··· 13

2.3　数字万用表 ··· 17

2.4　电工电子综合实验系统 ··· 21

第 3 章　常用电子元器件 ··· 25

3.1　电阻 ··· 25

　　3.1.1　固定电阻 ··· 25

　　3.1.2　可变电阻 ··· 29

　　3.1.3　敏感电阻 ··· 30

3.2　电容 ··· 31

　　3.2.1　外形和符号 ··· 31

　　3.2.2　主要参数 ··· 32

　　3.2.3　标识方法 ··· 32

3.3　电感 ··· 33

　　3.3.1　外形和符号 ··· 33

3.3.2 主要参数 ··· 34

3.3.3 标识方法 ··· 35

3.4 二极管 ··· 36

3.4.1 普通二极管 ·· 36

3.4.2 稳压二极管 ·· 39

3.4.3 发光二极管 ·· 40

3.5 三极管 ··· 42

3.5.1 外形和符号 ·· 42

3.5.2 主要参数 ··· 42

3.5.3 标识方法 ··· 43

3.6 电声转换器件 ··· 46

3.6.1 驻极体话筒 ·· 46

3.6.2 电动式扬声器 ·· 47

3.7 集成电路 ··· 47

3.7.1 集成电路的分类 ·· 48

3.7.2 集成电路的型号命名 ·· 48

3.7.3 集成电路的特点 ·· 49

3.7.4 集成电路的引脚识别 ·· 50

第4章 电路实验 ··· 52

实验1 电压源伏安特性与电路中电位的研究 ················· 52

实验2 线性网络定理验证 ··· 54

实验3 单一元件的正弦交流电路 ·································· 56

实验4 RC 电路的频率特性 ··· 58

实验5 一阶 RC 电路的暂态分析 ································· 62

第5章 模拟电路实验 ··· 66

实验1 单级放大电路 ·· 66

实验2 互补对称功率放大电路 ···································· 70

实验3 集成运算放大器的应用 ···································· 71

实验4 正弦波振荡器 ·· 76

实验5 焊接小夜灯 ··· 79

第6章 数字电路实验 ··· 83

实验1 基本逻辑门电路的功能及测试 ·························· 83

实验2 组合逻辑电路、触发器 ···································· 86

实验3 时序电路测试 ·· 90

实验4 数字抢答器的设计 ·· 92

实验5 555 定时器的应用电路 ····································· 94

第 7 章　仿真实验 ···98

　7.1　Multisim14.0 仿真软件使用基础 ····················· 98

　　　7.1.1　Multisim14.0 软件简介 ····························98

　　　7.1.2　Multisim14.0 电路原理图设计基础 ·············100

　7.2　EveryCircuit 仿真软件使用基础 ······················104

　　　7.2.1　EveryCircuit 软件简介 ·····························104

　　　7.2.2　EveryCircuit 电路原理图设计基础 ·············106

　7.3　Multisim 仿真实验 ··108

　　　实验 1　电位的概念及计算 ······························108

　　　实验 2　RC 电路的响应 ·······························109

　　　实验 3　RLC 串联谐振 ·······························111

　　　实验 4　低通滤波电路 ·································112

　　　实验 5　三极管的电流分配和放大作用 ···············113

　　　实验 6　静态工作点的稳定 ······························114

　　　实验 7　积分和微分电路 ·································117

　　　实验 8　桥式整流滤波电路的输出特性 ···············118

　　　实验 9　RC 正弦波振荡电路 ···························120

　　　实验 10　与非门的逻辑功能测试 ·······················120

　　　实验 11　三人表决电路 ·································122

　　　实验 12　74LS138N 译码器实现逻辑式 ···············123

　　　实验 13　智力竞赛抢答电路 ······························124

　　　实验 14　555 定时器的应用 ······························125

　7.4　EveryCircuit 仿真实验 ····································128

　　　实验 1　分压式偏置放大电路的性能分析 ···············128

　　　实验 2　集成运算放大器的应用 ·······················130

　　　实验 3　数字抢答器的设计 ······························131

　　　实验 4　三人表决电路 ·································135

第 8 章　面包板实验 ···137

　8.1　面包板的准备 ···137

　8.2　面包板实验案例 ···138

　　　实验 1　电容充放电显示电路 ···························138

　　　实验 2　声控 LED 闪烁灯 ······························139

　　　实验 3　温度报警电路 ·································139

　　　实验 4　正弦波和占空比可调的矩形波发生器 ···········140

　　　实验 5　双色闪光灯 ·····································141

　　　实验 6　预防近视测光指示电路 ·······················142

　　　实验 7　光敏"百灵鸟" ·································142

　　　实验 8　交替闪烁信号灯 ·································143

　　　　实验 9　发光逻辑显示电路 ·· 144

　　　　实验 10　三人表决电路 ··· 145

第 9 章　综合实践项目 ··· 146

　　　项目 1　无线电选频模块的设计与制作 ·· 146

　　　项目 2　直流稳压电源的设计与制作 ·· 154

　　　项目 3　音频放大电路的设计与制作 ·· 160

　　　项目 4　温度超限自动报警电路的设计与制作 ································ 166

　　　项目 5　计数显示电路的设计与制作 ·· 171

参考文献 ··· 177

第 1 章　实验基本知识

实验是人类认识客观事物的重要手段，测量是为确定被测对象的量值而进行的实验过程。在这个过程中常常借助专门的仪器设备，把被测对象直接或间接地与同类已知数值和单位进行比较，从而获取用数值和单位共同表示的测量结果。测量结果是验证理论的客观标准。通过测量可以解释自然界的奥秘，可以发现理论中存在的问题及理论的近似性和局限性，从而促进科学理论的进一步发展。

1.1　实 验 须 知

实验须知视频

1.1.1　实验的目的与要求

电工电子技术基础实验是电工电子技术基础课程重要的实践教学环节。实验的目的不仅要帮助学员巩固和加深理解所学的理论知识，更重要的是要通过独立实验训练学员的实验技能，培养学员的理论与实践结合能力、知识迁移能力以及利用理论知识分析和解决实际问题的能力，最终形成良好的实验操作习惯和严谨的科学工作作风。

对学员电工电子技术基础实验技能训练的具体要求是：
① 能正确选择、使用常用的电工电子仪器仪表和设备；
② 能自主查阅手册，正确选择和使用常用的电子元器件；
③ 能独立按电路图正确接线和查线；
④ 能独立完成中小型综合实践项目的电路设计、测试和制作；
⑤ 能独立查找和排除简单的电路故障；
⑥ 掌握一般的用电常识和焊接技术；
⑦ 能准确地读取实验数据、测绘波形曲线、处理实验数据、撰写实验报告。

1.1.2　实验的过程与任务

为了培养学员分析问题和解决问题的能力，充分发挥学员的主观能动性，提高实验环节的教学效益，一次完成的实验应包含实验预习、实验操作和实验报告 3 个阶段，每个阶段的具体任务要求如下。

1．实验预习

充分预习实验是实验顺利进行并达到实验预期效果的必要条件，实验预习包含 3 个方面。
① 理论准备。认真阅读实验教材或实验指导书，充分了解实验的理论依据和条件，明确实验目的、实验原理和实验要求。
② 仪器仪表准备。了解将用仪器仪表的工作原理、工作条件和操作规程，本实验为什么要选择这样的仪器仪表，是否还有其他实验装置可用。

③ 实验准备。了解实验方法、步骤和注意事项，完成预习报告。预习报告包含实验名称、实验时间与地点、实验目的、实验预习问题、实验所用仪器仪表、实验步骤、注意事项等。对于综合设计性实验，预习时还包括设计实验电路、拟订测试方案、选择测量仪器仪表，同时要考虑实验可能出现的误差和问题并做好预案。

2. 实验操作

首次进入实验室要熟悉实验室的环境，自觉遵守实验室的各项规章制度，保证实验室有良好的秩序和环境，同时要注意人身安全和仪器设备安全。在实验过程中必须按照正确的操作程序进行操作，养成良好的工作作风和习惯。

（1）按照实验方案连接实验电路，一般按照"先串联后并联""先接主电路后接辅助电路"的顺序进行合理接线。电路走线要合理，导线粗细长短要合适，连接要牢靠，便于检查和测量。检查无误后，方可接通电源。必要时请指导教师复查后再接通电源。

（2）实验操作要精心，要认真观察现象，准确记录实验现象和数据（包括波形）。

① 电路接通后，不要急于测量数据，首先应将实验过程完整地操作一遍，概略地观察全部现象及各仪器仪表的读数变化情况，然后开始逐项实验，有选择地读取几组数据。

② 测量某组数据时，应尽可能在同一瞬间读取各仪器仪表的读数，以免由于其中某一数据可能发生变化而引起误差。数据的记录要清楚完整，力求表格化。

③ 如果需要绘制曲线图，则至少要读取 5 组数据，而且在曲线弯曲部分应多读取几组数据，这样得出的曲线比较平滑准确。

④ 断开电源，自审测量数据和实验结果，发现错测、漏测要及时补测，确认无误后，送指导教师复核，同意后方可拆掉电路。

（3）实验结束后，做好仪器仪表、导线的整理及环境的清洁工作，然后方可离开实验室。

3. 实验报告

撰写实验报告是对实验进行全面总结和反思提高的过程。通过这个过程可以加深对实验现象和实验内容的理解，更好地将理论与实验联系起来，这是考察学员理论与实践结合能力、知识迁移能力和总结表达能力的重要依据，因此每个学员都必须完成实验报告。实验报告要用规定的实验报告纸书写，要求书写工整、语言通顺、图表清晰、分析合理、讨论深入。

实验报告内容包括：

① 实验名称、学员姓名、实验地点和实验日期；

② 实验目的、实验预习问题、实验电路、实验原理和注意事项；

③ 实验所用器材（包括仪器仪表和元器件）；

④ 实验数据和计算结果（包括计算公式）及曲线；

⑤ 实验结果分析、得出的结论；

⑥ 实验中提出的思考题讨论，以及心得体会。

关于绘制实验曲线的说明：

① 曲线要用曲线板绘制在规定的坐标纸上，坐标纸不小于 $8cm \times 8cm$。

② 坐标轴上要给出物理量名称、标值和刻度线。

③ 标值应按 1×10^n、2×10^n 或 5×10^n 等（其中 n 为正整数或负整数）选择。绘制频率特性曲线时，要采用相对坐标或半对数坐标（横轴取对数刻度线）。

④ 实验测出的各个数据点应在曲线上表示出来（可用"×"或"·"画出），由各点绘出平滑曲线。测量和计算存在误差时，个别点可能分布在曲线两边，可简要说明误差原因。

1.1.3　实验的安全与规则

1. 实验安全

（1）确保人身安全

实践证明，人体触电时，通过的电流为 50mA 时就有生命危险，通过 100mA 则能致人死亡。电实验经常用到 220V 交流电源，有时也用到 380V 电源，如果不懂安全用电常识，盲目操作就可能发生触电事故。因此，必须严格按照操作规程进行操作，切不可大意。

① 严格按照"先接线后通电""先断电后拆线"的顺序操作，不允许人体触及带电的部位。

② 接通电源（或电动机启动）时，应先告知同组及相关人员。

③ 切断电源后，不要用手触摸用电器具，如电烙铁、电动机等。

（2）确保仪器仪表安全

① 爱护仪器仪表，要轻拿轻放。

② 使用电子仪器仪表时，要熟悉使用方法和注意事项，了解各旋钮、开关的作用。

③ 使用仪器仪表时，选择量程要适当。被测值一定要小于所选量程，电流表、欧姆表不能当作电压表使用，否则将损坏仪器仪表。

④ 实验中随时注意异常现象。若发现电流过大、设备过热、绝缘烧焦发出异味、设备发出响声等，应立即断开电源，报告指导教师，分析事故原因、明确责任之后，排除故障，继续实验。

2. 实验规则

实验室是进行教学和科学研究的重要场所，做实验时必须明确实验的基本规则，这样不仅能保证实验的顺利进行，而且能确保人身和设备的安全，从而获得理想的实验结果。因此，学员做实验时，必须遵守如下规则：

① 课前要做好充分预习，写出简要的预习报告；

② 认真倾听指导教师对实验的讲授，了解实验的具体要求；

③ 按实验步骤进行实验，实验过程中要认真观测，仔细记录；

④ 实验结束后，整理好实验设备和工具，经指导教师验收后方可离开实验室；

⑤ 整个实验过程不得喧哗和随意走动，保持课堂纪律；

⑥ 严格遵守实验室的各项规程，切实注意安全，不得随意触碰、移动实验设备，特别是电源和带电设备，防止发生人身安全事故；

⑦ 因违反操作而损坏实验设备者将受到批评教育，并依情节和损坏程度进行赔偿或处理。

1.2　实　验　测　量

1.2.1　电测量

电实验的具体过程之一就是获得表征电子线路特征的数量和单位，这一过程在电实验中占有重要的地位。这种以电路、电子技术的理论为依据，以电子测量仪器和设备为手段，以待测的电量或非电量为对象的测量过程，称为电测量。在测量中获得的信息通常为两种：一种是必需的或期望得到的；另一种是隐含在当前获取到的信息中，尚需进一步处理和提取的。电测量主要包括以下几个方面。

1．能量的测量

如电压、电流、电功率等的测量。

2．元器件和电路参数的测量

如电阻、电容、电感、品质因数、阻抗、器件参数等的测量。

3．电信号特性的测量

如信号的波形、频率、周期、相位、频谱等的测量。

4．电路特性的测量

如放大倍数、衰减量、噪声指数、幅频特性等的测量。

在上述各种测量中，电压、频率、阻抗等是基本电参数，对它们的测量是其他许多派生参数测量的基础。利用传感器等技术和辅助手段，还可以对非电量进行测量。

电测量有以下几大特点：测量频率范围宽、测量仪器量程广、测量准确度高、测量速度快、易于实现遥测和长期不间断的测量、易于实现测量过程的自动化和测量仪器的微机化等。正因为如此，电测量被广泛应用到各个领域，大到天文观测、航空航天，小到物质结构、基本粒子。

1.2.2 测量方法

为实现测量目的，选择正确的测量方法是极其重要的，这直接关系到测量工作能否正常进行和测量结果的有效性与准确性。

电测量的分类方法有很多，例如，按测量性质分类，可分为时域测量、频域测量、数域测量和随机测量；按被测量是否随时间变化，可分为静态测量和动态测量；按测量手段不同，可分为直接测量、间接测量和组合测量。

1．直接测量法

用预先按已知标准量定度好的测量仪器，对某一未知量直接进行测量，从而得到被测量的测量方法，称为直接测量法。直接测量法根据读取数据的方法不同，又有直读法和比较法之分。

（1）直读法

被测量直接由仪器仪表指示（显示）出数据，可直接读数，这种方法称为直读法。如用电压表、电流表指针直接指示出刻度，数字电压表直接显示出读数，示波器直接显示正弦交流电压的振幅等都属于这种方法。

（2）比较法

将被测量直接与已知标准量进行比较而得出测量结果的方法，称为比较法。按照比较方式不同，又分为零值法和替代法。

① 零值法：被测量对仪器仪表的作用被已知标准量的作用抵消为零，由已知标准量很准确地得到被测量的方法。如图 1-1 所示，用惠斯通电桥测电阻属于零值法。

② 替代法：用已知标准量替代被测量而不引起测量仪器仪表读数的变化，由已知标准量获得被测量的方法。它可以消除仪器仪表的固有误差对测量的影响，提高了测量的准确度。如用电阻箱的标准电阻替代表头内阻，使电流表读数不变，由电阻箱的读数即可得到表头内阻。图 1-2 就是测表头内阻的电路。

2．间接测量法

对一个与被测量有确切函数关系的物理量进行直接测量，然后通过代表该函数关系的公式、曲线或表格，求出被测量的方法称为间接测量法。如测量某一频率下电容的容抗，可测出电容两端的交流电压和流过电容的交流电流，用公式 $Z_C = \dfrac{U_C}{I_C}$ 求出 Z_C。

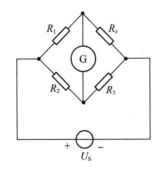
图 1-1 零值法测电阻

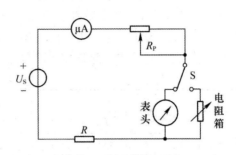
图 1-2 替代法测表头内阻

3．组合测量法

在某些测量中，被测量与多个未知量有关，测量一次无法得出完整的结果，则可以改变测量条件进行多次测量，然后按照被测量与未知量之间的函数关系，组成联立方程，最后求解，进而得到未知量。这种测量方法称为组合测量法。

如图 1-3 所示的含源二端网络，由电压定律得 $E_0=IR_0+U_{AB}$，式中 U_{AB} 为二端网络端口电压，R_0 为内阻，E_0 为等效电动势。其中 R_0、E_0 均为未知量，可以用组合测量法进行测量。改变二端网络的负载 R_L，得到不同的电压读数 U_{AB1}、U_{AB2} 和电流表读数 I_1、I_2，代入公式得：$E_0=I_1R_0+U_{AB1}$ 和 $E_0=I_2R_0+U_{AB2}$，即可求出 R_0 和 E_0。

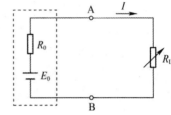
图 1-3 伏安法测含源二端网络内阻

1.2.3 计量的基本概念

1．计量

测量是通过实验手段对客观事物取得定量信息的过程，也就是利用实验将被测量直接或间接地与同类的已知标准量进行比较，从而得到被测量值的过程。测量结果的准确与否与采用的测量方法、实际操作和作为比较标准的已知量的准确程度有着密切的关系。因此，体现已知量在测量过程中作为比较标准的各类量具、仪器仪表必须定期进行校准和检验，以保证测量结果的准确性、可靠性和统一性，这个过程称为计量。计量可看作测量的一种特殊形式。计量是利用技术和法制的手段实现单位统一和量具准确可靠的测量。

2．单位制

任何测量都要有一个统一的体现计量单位的量作为标准，这样的量称作计量标准。计量单位必须以严格的科学理论为依据进行定义。法定计量单位是国家以法令形式规定使用的计量单位，是统一计量单位制和单位量值的依据与基础。在国际单位制（SI）中，单位分为基本单位、导出单位和辅助单位。基本单位是那些可以彼此独立地加以规定的物理量单位，共 7 个，即长度单位米（m）、时间单位秒（s）、质量单位千克（kg）、电流单位安培（A）、热力学温度单位开尔文（K）、发光强度单位坎德拉（cd）和物质的量单位摩尔（mol）。由基本单位通过定义、定律及其他函数关系派生出来的单位称为导出单位。在电学量中，除电流外，其他物理量的单位都是导出单位。国际上把既可看作基本单位又可作为导出单位的单位单独列为一类，称为辅助单位。国际单位制中包括 2 个辅助单位，分别是平面角的单位弧度（rad）和立体角的单位球面度（sr）。由基本单位、导出单位和辅助单位构成的完整体系，称作单位制。国际单位制（SI）就是由 7 个基本单位、2 个辅助单位及 19 个具有专门名称的导出单位构成的一种单位制。为了避免过大或过小的数值，SI 单位中还包括其十进倍数单位和分数单位，它们是利用 SI 词头加在 SI 单位之前构成的，部分 SI 词头见表 1-1。

表 1-1 部分 SI 词头

因数		10^{12}	10^9	10^6	10^3	10^2	10	10^{-1}	10^{-2}	10^{-3}	10^{-6}	10^{-9}	10^{-12}
词头 名称	中文	太	吉	兆	千	百	十	分	厘	毫	微	纳	皮
	符号	T	G	M	k	h	da	d	c	m	μ	n	p

1.3 实验数据处理

被测物理量在一定的时间、空间条件下，都有一个客观存在的真实数值，即真值。测量的目的就是要逐渐趋近于这个真值。然而，由于受各种测量条件的影响和限制，测量值和真值之间不可避免地存在一定的差异，该差异就称为误差。在某种程度上可以说误差是无处不在、无时不有的。在多数情况下，被允许的误差可以忽略不计，但在要求严格的场合就必须考虑误差。认清误差的来源及其影响，判定影响实验精确度的主要因素，可以在以后的实验中进一步改进实验方案，缩小实验测量值与真值之间的差值，提高实验的精确性。

1.3.1 误差原因及分类

误差产生的原因多种多样，不同地点、不同时间产生误差的原因也各不相同，但归纳起来主要有系统误差、偶然误差和过失误差 3 种。

1. 系统误差

在同一条件下（观察方法、设备、环境、观察者不变），多次测量同一物理量时，绝对值和符号保持不变的误差称为系统误差，又称常差。当条件发生变化时，系统误差也按照一定规律变化。系统误差反映了多次测量总体平均值偏离真值的程度。产生系统误差的主要原因包含以下几种。

① 设备误差：由测量设备本身性能不完善而产生的误差。

② 环境误差：由环境的温度、湿度、气压、电磁场、光线等因素而产生的误差。

③ 人员误差：由测试人员的测试习惯和观察判断等因素而产生的误差。

④ 方法误差：由测试方法选择的不同而产生的误差。

例如,对电路的某一部分进行电压和电流的测量，如图 1-4 所示，若电阻 R 很小，则应采用图 1-4（a）的方法；若电阻 R 很大，则采用图 1-4（b）的方法比较准确。

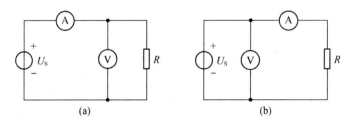

图 1-4 测量方法举例

2．偶然误差

在同一条件下，多次测量同一物理量时，测量值总有稍许差异而变化不定，这种绝对值和符号经常变化的误差称为偶然误差。偶然误差产生的原因不明，因而无法控制和补偿。但是，偶然误差完全服从统计规律，误差的大小或正负的出现完全由概率决定。

3．过失误差

由于设备故障、测量者错误操作、看错读数、记错数据或存在不能容许的干扰导致的误差，称为过失误差，这是一种显然与事实不符的误差，又称粗差。这种误差通常很大，明显超过正常条件下的系统误差或偶然误差。它往往是由于实验人员的粗心大意、对实验原理不熟悉、过度疲劳和操作不正确等原因引起的。此类误差无规则可寻，只要有责任感、多方警惕、细心操作，过失误差是可以避免的。

1.3.2 精密度和准确度

反映测量结果与真值接近程度的量，称为精度（也称精确度）。它与误差大小相对应，测量的精度越高，其测量误差就越小。精度包含精密度和准确度两层含义。

1．精密度

精密度指在重复测量同一系统中所得结果相互一致的程度，它反映了偶然误差的影响程度。偶然误差小，测量的精密度就高。

2．准确度

准确度指测量值的算术平均值与真值的接近或偏离的程度，它反映了系统误差对测量的影响程度。系统误差小，测量的准确度就高。

1.3.3 误差的表示方法

误差的表示方法多种多样，常用绝对误差和相对误差来表达。

1．绝对误差

测量值与被测量的真值之差，称为绝对误差。其表达式为

$$\Delta X = X - X_0$$

式中，ΔX 为绝对误差；X 为测量值；X_0 为真值。上式不但可以表示出误差的大小，而且给出了误差的正负符号。如用直流电压表测电压，其真值 $V_0 = 100\text{V}$，测量值 $V = 102\text{V}$，则 $\Delta V = V - V_0 = 102 - 100 = 2\text{V}$。

2．相对误差

绝对误差的表示方法有其不足之处，它往往不能正确反映测量的准确程度。如测两个电压，其中一电压 $V_1 = 10\text{V}$，绝对误差 $\Delta V_1 = 0.1\text{V}$，另一电压 $V_2 = 100\text{V}$，绝对误差 $\Delta V_2 = 0.5\text{V}$。我们不能说前一测量比后一测量准确。相反，V_1 的测量误差对 10V 来讲占 1%，而 V_2 的测量误差对 100V 来讲只占 0.5%。相对误差是指绝对误差与被测量的值之比。在实际应用中有下面几种形式的相对误差。

① 实际相对误差：绝对误差 ΔX 与被测量的真值 X_0 之比称为实际相对误差，即 $r_{X_0} = \dfrac{\Delta X}{X_0}$。

习惯上用百分数表示，记作 $r_{X_0} = \dfrac{\Delta X}{X_0} \times 100\%$。

② 示值相对误差：绝对误差ΔX与被测量的测量值X之比称为示值相对误差，即$r_X = \dfrac{\Delta X}{X_0} \times$ 100%。

③ 满度相对误差：绝对误差ΔX与仪器刻度盘的满刻度值X_m之比称为满度相对误差，$r_{X_m} = \dfrac{\Delta X}{X_m} \times 100\%$。

相对误差是一个只有大小和符号而没有单位的量。

1.3.4 测量数据的读取

测量数据读取时应注意以下几点：

- 仪表应先进行预热和调零；
- 选择合适的仪表，同时选择合适的仪表量程；
- 注意读取数据的正确姿势；
- 当仪表指针与刻度线不重合时，应凭目测估读一位欠准数字。

在电测量过程中，经常要读取、记录、处理数据。但对这些数据的数值应取到哪一位，是处理数据的基本问题。在数学和测量中，物理量的数值有着不同的意义。在数学上，2.56=2.560=2.5600；但在测量中，2.56≠2.560≠2.5600，因为它们有着不同的测量误差。我们把测量结果中可靠的几位数字加上一位可疑的数字统称为测量结果的有效数字。如图1-5所示，应读为13.4，其中"13"这两位数是可靠数字，"4"是欠准数字或存疑数字。有效数字最后一位虽然是可疑的，但它还是在一定程度上反映了客观实际，因此是有效的。欠准数字后面的任何数都是不可信的，因此都是无效的。

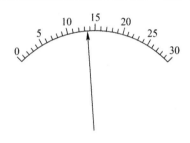

图1-5 有效数字的读取

1. 有效数字的概念

如果用100mA量程的电流表测量某支路的电流，读数为78.4mA，那么前两位数字"78"是准确、可靠的数字，称为可靠数字，而最后一位数字"4"是估读的，称为欠准数字或存疑数字，两者合起来称为有效数字。它的有效数字为3位，如果对其进行运算，其结果应保留3位有效数字。

2. 有效数字的正确表示

当按照测试要求确定了有效数字的位数后，每个测量数据应只有一位欠准数字，即最后一位是欠准数字，它前面的各位数字必须是准确的可靠数字。

只与计量单位有关的"0"不计入有效数字。例如，184mA可以写成0.184A，两种写法都是3位有效数字。

小数点后的"0"不能随便省略。例如，某电阻值15Ω和15.00Ω两种写法有很大的差别，15.00Ω中，最后一位"0"是欠准数字，而15Ω中，"5"是欠准数字，实际可能是14或16。

3. 四舍五入化整规则

在测量技术中，若将有效数字修约，应遵守"小于5舍，大于5入，等于5取偶"的规定。

例如，对下列数字取3位有效数字：

15.43→15.4（第四位数字小于5，舍）

15.47→15.5（第四位数字大于5，入）

15.45→15.4（第四位数字等于5，因第三位数为偶数，舍）

15.35→15.4（第四位数字等于5，因第三位数为奇数，应取偶）

4．有效数字的运算法则

相加减的数字中，若有小数，则以小数点后面位数最少的数为标准，将其他数进行修约，使其他数的小数点后的位数仅比它多保留一位，计算结果也以它为标准进行修约。

例如，3个数相加 95.2+5.78+1.234=?

修约后应为：95.2+5.78+1.23= (102.21) =102.2

在有效数字相乘时，应注意到乘积的误差总是大于任何一个数的误差，当几个数相乘时，应以其中有效数字最小的那个数为标准，对其他数进行修约，修约到比该数多一位有效数字，然后进行运算。运算结果的有效数字的位数应与作为标准的那个数的位数一致。

例如，3个数相乘 2.3×15.6×210.4=?

以2.3为标准对其他两个数进行修约后为：2.3×15.6×210.4=7549.2，根据上述法则，修约后的结果为 $7.5×10^3$。

1.3.5　曲线修匀

所谓曲线修匀，就是对测量过程中所获的数据点进行的一种图解处理方法。在许多测量中，其目的不单是获得一个或几个测量值，而是要在测量数据的基础上得到某些量之间的关系曲线。由于实际测量中存在误差，且有限次的测量所得到的数据只是关系曲线上的一些离散点，因此简单地将这些离散点连成一条折线是不行的，必须对此进行一定的处理，即对曲线进行修匀。修匀中应注意以下几点：

① 以被测量及相关量为坐标变量，选取合适的坐标系，常用的为直接坐标系。当变量的变化范围很宽时，常采用对数坐标系。

② 测量的数据点必须足够。曲线上的线性段测量数据点可适当减少，但非线性段测量的数据点应足够多。

③ 纵、横坐标分度比例可以不同，但比例分度要适当，一般要与测量的精确度相适应。

④ 绘制的曲线应是靠近数据点的一条光滑而无斜率突变的曲线，有时可采用数据分组的方法，取各组几何重心连接成的平滑曲线。

第2章　常用仪器仪表

2.1　函数信号发生器

1. 概述

函数信号发生器是一种提供测试用的信号的装置。函数信号发生器可以产生正弦波、三角波、方波、脉冲波等信号，频率范围从零点几赫兹到几兆赫兹（可调），信号的输出幅度连续可调。下面以 AFG-2225 型任意函数信号发生器为例，介绍函数信号发生器的性能特点、操作面板及基本操作方法。

2. 性能特点

① DDS 信号发生器；

② 全频段 1μHz 分辨率；

③ 2×10^{-5} 频率稳定度；

④ 可产生正弦波、方波、斜波、脉冲波等任意波形；

⑤ 120MSa/s 采样率；

⑥ 60MSa/s 重建率；

⑦ 4000 点波形长度，具有 10 组 4000 点波形的存储器；

⑧ 显示并输出真实波形，用户也可定义输出部分；

⑨ 具有 DWR（直接波形重建）能力；

⑩ 内置 AWES 软件（任意波形编辑软件），无须 PC 就可编辑波形；

⑪ 具有内部和外部 Lin/Log 扫描，并带标记输出；

⑫ 内置 AM、FM、PM、FSK、SUM 调制功能；

⑬ 具有内部和外部触发的脉冲串信号，无标记输出；

⑭ 具有输出过载保护；

⑮ 具有 USB 标准接口；

⑯ 3.5"彩色 TFT LCD（320×240 像素）显示屏。

3. 操作面板

AFG-2225 型任意函数信号发生器的前面板如图 2-1 所示，前面板上的按键、旋钮说明如表 2-1 所示。

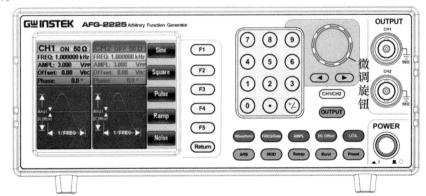

图 2-1　AFG-2225 型任意函数信号发生器的前面板

表 2-1　按键、旋钮说明

序号	名称	符号	功能
1	功能键	F1、F2、F3、F4、F5	位于显示屏右侧，用于功能激活
2	返回键	Return	返回上一层菜单
3	操作键	Waveform	用于选择波形
4		FREQ/Rate	用于设置频率或采样率
5		AMPL	用于设置波形幅值
6		DC Offset	设置直流偏置
7		UTIL	用于进入存储和调取选项、更新和查阅固件版本、进入校正选项、进行系统设置、设置频器等
8	操作键	ARB	用于设置任意波形参数
9		MOD、Sweep、Burst	MOD、Sweep 和 Burst 键用于设置调制、扫描和脉冲串选项与参数
10	复位键	Preset	用于调取预设状态
11	输出键	OUTPUT	用于打开或关闭波形输出
12	通道切换键	CH1/CH2	用于切换两个通道
13	输出端钮	OUTPUT	CH1 为通道 1 输出端钮 CH2 为通道 2 输出端钮
14	电源键	POWER	用于开/关机
15	方向键	◄、►	当编辑参数时，可用于选择数字
16	微调旋钮	—	用于编辑参数值，左旋为减少，右旋为增加
17	数字键盘	1、2、3、4、5、6、7、8、9、·、±	用于输入参数值，常与方向键和微调旋钮一起使用

4．基本操作方法

下面以输出常用的正弦波、方波、斜波为例，简要介绍 AFG-2225 型任意函数信号发生器的基本操作方法。

从接通电源并按下电源键开始，接着按下所需的波形功能键，选择所需要的输出波形；按下所需的频率功能键，选择所需要的输出频率范围；调节频率微调旋钮，选择所需要的频率；调节幅值微调旋钮输出信号至所需值。常用波形输出操作如下。

（1）正弦波

要产生峰峰值为 10VPP、频率为 100kHz 的正弦波信号，基本操作为：

① 按电源键 POWER，显示屏亮起；

② 按 Waveform 键，再按显示屏右侧的 F1 键，选择"正弦波"，如图 2-2（a）所示；

③ 按 FREQ/Rate 键，显示屏弹出频率输入窗口，如图 2-2（b）所示，利用数字键盘输入 100，同时按显示屏右侧的频率单位 kHz 对应的按键 F4；

④ 按 AMPL 键，显示屏下方弹出电压值输入窗口，如图 2-2（c）所示，利用数字键盘输入 10，同时按显示屏右侧的电压值类型 VPP 对应的按键 F5；

⑤ 按 OUTPUT 键，完成峰峰值为 10VPP、频率为 100kHz 的正弦波信号的输出设置。

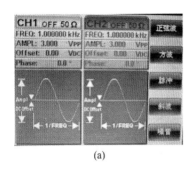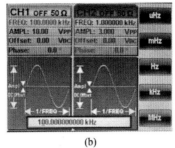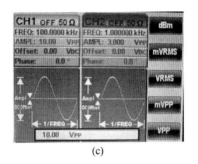

| (a) | (b) | (c) |

图 2-2　输出正弦波信号的调节过程示意图

（2）方波

要产生峰峰值为 3VPP、占空比为 75%、频率为 1kHz 的方波信号，基本操作为：

① 按电源键 POWER；

② 按 Waveform 键，再按显示屏右侧的 F2 键，选择方波，如图 2-3（a）所示；

③ 按占空比对应的显示屏右侧的 F1 键，显示屏下方弹出输入窗格，利用数字键盘输入 75，同时按显示屏右侧的百分比（%）对应的 F2 键，如图 2-3（b）所示；

④ 按 AMPL 键，显示屏下方弹出输入窗格，如图 2-3（c）所示，利用数字键盘输入 3，同时按显示屏右侧的电压值类型 VPP 对应的 F5 键；

⑤ 按 FREQ/Rate 键，显示屏下方弹出输入窗格，如图 2-3（d）所示，利用数字键盘输入 1，同时按显示屏右侧的频率单位 kHz 对应的 F4 键；

⑥ 按 OUTPUT 键，完成峰峰值为 3VPP、占空比为 75%、频率为 1kHz 的方波信号的输出设置。

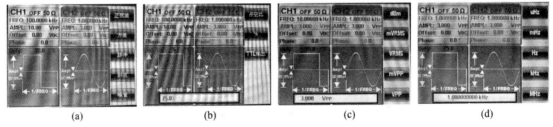

| (a) | (b) | (c) | (d) |

图 2-3　输出方波信号的调节过程示意图

（3）斜波

要产生峰峰值为 5VPP、频率为 10kHz、对称度为 50% 的斜波信号，基本操作为：

① 按电源键 POWER；

② 按 Waveform 键，再按显示屏右侧的 F4 键，选择斜波，如图 2-4（a）所示；

③ 按对称性对应的显示屏右侧的 F1 键，显示屏下方弹出输入窗格，默认为 50%，其他比例可利用数字键盘输入，再按显示屏右侧的百分比（%）对应的 F2 键，如图 2-4（b）所示；

④ 按 FREQ/Rate 键，显示屏下方弹出输入窗格，如图 2-4（c）所示，利用数字键盘输入 10，同时按显示屏右侧的频率单位 kHz 对应的 F4 键；

⑤ 按 AMPL 键，显示屏下方弹出输入窗格，如图 2-4（d）所示，利用数字键盘输入 5，同时按显示屏右侧的电压值类型 VPP 对应的 F5 键；

⑥ 按 OUTPUT 键，完成峰峰值为 5VPP、对称度为 50%、频率为 1kHz 的方波信号的输出设置。

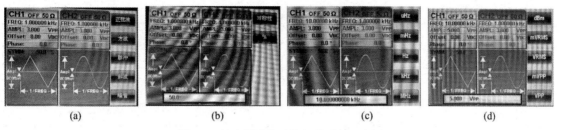

(a)   (b)   (c)   (d)

图 2-4　输出斜波信号的调节过程示意图

2.2　示　波　器

1．概述

示波器是一种用来观测各种电信号波形及参数的电子测量仪器。示波器可以测量周期性信号的幅值、频率、周期和相位，也可以测试脉冲信号的幅值、宽度、延时、上升和下降时间、重复周期等参数，还可以借助转换器来观测各种非电量，如温度、压力、流量等的变化过程。示波器的种类多种多样，分类方法也各不相同。按观察信号的数量，可分为单踪示波器和多踪示波器；按处理信号的方式，可分为模拟示波器和数字示波器。下面以 GDS-1102B 型双踪数字存储示波器为例介绍示波器的性能特点、操作面板和基本操作方法。

2．性能特点

① 7"彩色 TFT LCD 显示屏（800×480 像素）。

② 频率 50～100MHz。

③ 最大 1GSa/s 实时采样率。

④ 存储深度：10M 点记录长度。

⑤ 波形捕获率每秒 50000 次。

⑥ 垂直灵敏度：1mV/div～10V/div。

⑦ 32MB 内建快闪记忆体。

3．操作面板

GDS-1102B 型双踪数字存储示波器的前面板如图 2-5 所示，前面板上的按键、旋钮说明如表 2-2 所示。

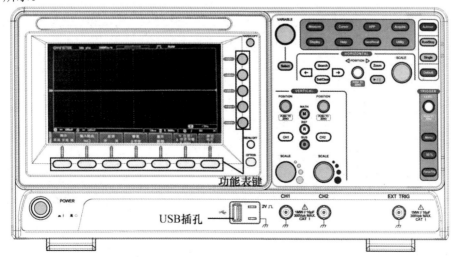

图 2-5　GDS-1102B 型双踪数字存储示波器的前面板

表 2-2　按键、旋钮说明

序号	按键、旋钮名称		说明
1	LCD 显示屏		7"彩色 TFT LCD（800×480 像素），宽视角显示
2	功能表键		显示屏右侧功能表键和底部功能表键用于选择显示屏上的功能表及菜单选项
3	MENU OFF 键		隐藏系统功能表
4	VARIABLE 旋钮		用于增加或减少数值或选择参数
5	Select 键		用于确认选择
6	Measure 键		设定和执行自动测量
7	Cursor 键		设定和执行游标测量
8	APP 键		进入应用程序（APP）菜单键。可以选择需要使用的 APP（从官网下载安装包，并通过 U 盘进行安装，如滤波器、数字电压表等 APP）
9	Acquire 键		设定获取模式，包括分段存储功能
10	Display 键		显示设定
11	Help 键		显示说明功能表
12	Save/Recall 键		用于存储和调取波形、图像、面板设定
13	Utility 键		进入系统菜单键。可以进行系统信息查看、操作语言选择、系统时间设定、存储器文件查看、APP 安装等操作
14	Autoset 键		自动设定触发、基准刻度和垂直刻度
15	Run/Stop 键		停止（Stop）或继续（Run）获取信号
16	Single 键		设定单次触发模式
17	Default 键		恢复初始设定
18	HORIZONTAL 区	POSITION 旋钮	用于调整波形的基准位置，按下旋钮将基准位置重设为零
19		SCALE 旋钮	用于改变基准刻度（TIME/DIV）
20		Zoom 键	与 POSITION 旋钮结合使用
21		Search/←→键	用于引导搜索事件
22		Set/Clear 键	当使用搜索功能时，该键用于设定或清除感兴趣的点
23		▶/Ⅱ（Play/Pause）键	查看每一个搜索事件，也用于在 Zoom 模式播放波形
24	TRIGGER 区	LEVEL 旋钮	设定触发基准位置，按下旋钮将基准位置重设为零
25		Menu 键	显示触发功能表
26		50%键	触发基准位置设定为 50%
27		Force-Trig 键	立即强制触发波形
28	VERTICAL 区	POSITION 旋钮	设定波形的垂直位置，按下旋钮将垂直位置重设为零
29		SCALE 旋钮	设定通道的垂直刻度（TIME/DIV）
30		MATH 键	设定数学运算功能
31		REF 键	设定或移除参考波形
32		CH1、CH2 键	按 CH1、CH2 键设定通道
33	EXT TRIG 端钮		接收外部触发信号
34	USB 插孔		用于传输资料
35	POWER 键		电源键，用于开/关机

4. 基本操作方法

下面以测量 2.1 节函数信号发生器输出的"峰峰值为 10VPP、频率为 100kHz 的正弦波信号"为例，简要介绍示波器的基本操作。

（1）按电源键 POWER，显示屏亮起，如图 2-6（a）所示。

（2）按 CH1 或 CH2 键激活输入通道。启动后，通道键变亮，同时显示相应的通道功能表，每个通道用不同颜色表示，CH1 通道显示黄色波形，CH2 通道显示蓝色波形，在底部功能表启动通道显示，如图 2-6（b）所示。可以选择屏幕下方的耦合模式、反转波形、启动或关闭带宽限制、探针衰减等。若关闭通道，则按两次通道键。

（3）将输入信号连入示波器，按 Autoset 键，输入信号波形自动显示在屏幕的中心位置，如图 2-6（c）所示。按屏幕右下角的"复原自动设置"键，取消自动设置功能。

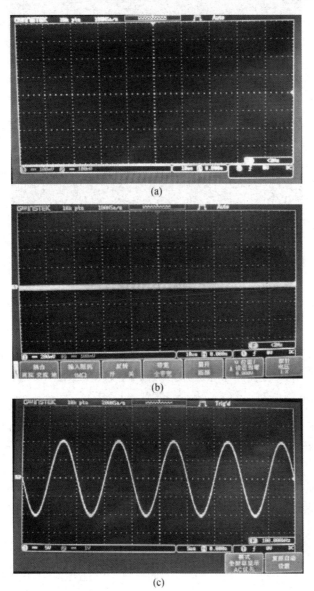

(a)

(b)

(c)

图 2-6　示波器测量过程示意图

（4）要读取并显示波形的测量信息，可按 Measure 键，再按屏幕左下方的"增加测量项"键，屏幕右侧将弹出系列测量项。例如，增加电压有效值（又叫均方根值）的测量信息，可以通过旋转 VARIABLE 旋钮，旋转到"均方根值"的位置，再按 Select 键，屏幕上便出现对应通道颜色的均方根值，如图 2-7（a）所示。采用同样的方法，可以选择不同类型电压值的测量显示、不同类型时间频率值的测量显示、延迟的显示及信号源的选择，所选择显示的测量数据结果显示在屏幕下方，最多可以同时显示 8 种不同的测量值，图 2-7（b）同时显示了 CH1 的电压的均方根值、频率、最大值，CH2 的电压的均方根值、频率、最大值，以及 CH1 与 CH2 的相位差。

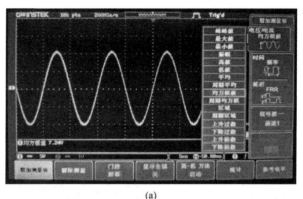

(a)

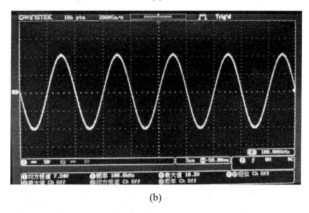

(b)

图 2-7　示波器测量结果显示操作示意图

以上为一次完整的测量和显示测量结果的操作过程，当然，示波器还有很多其他的功能。例如，通过旋转 VERTICAL 区的 POSITION 旋钮和 SCALE 旋钮来实现垂直系统的操作；通过旋转 HORIZONTAL 区的 POSITION 旋钮和 SCALE 旋钮来实现水平系统的操作；通过按下 Run/Stop 键来实现执行和停止的操作等。

5. 使用注意事项

① 示波器使用时应保持通风状态。

② 请勿在潮湿环境下及易燃易爆环境下操作和使用示波器。

③ 可按 Default 键恢复出厂状态。

④ 输入信号频率小于 20Hz 或输入信号幅值小于 30mV 时，自动设置（Autoset）功能将不适用。

2.3 数字万用表

数字万用表视频

1. 概述

数字万用表是一种多用途的、高可靠性的、便携式的电子测量仪器，同时包含电压表、电流表、欧姆表等功能，通常可以测量直流和交流电压、直流和交流电流、电阻、电容、二极管、三极管等。数字万用表采用数字显示，具有读数直观、准确，分辨率高，测量速度快等特点，在实际的电路测量中应用广泛。下面以 UT89X 型数字万用表为例，介绍数字万用表的操作面板、测量方法及测量方法。

2. 操作面板

UT89X 型数字万用表的前、后面板如图 2-8 所示，各组成部分的具体含义如下。

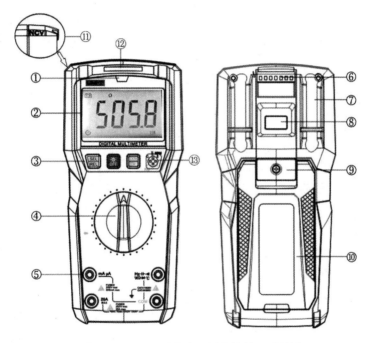

图 2-8　UT89X 型数字万用表的前、后面板

① 自动背光感应窗口。

② LCD 显示屏：显示数字万用表的测量数值，屏幕显示符号的含义见表 2-3。

③ 功能按键。

④ 功能选择旋钮，其符号说明见表 2-4。

⑤ 测量输入端口。

⑥ 挂带钩。

⑦ 多功能表笔定位架。

⑧ 照明灯窗口。

⑨ 电池仓固定螺钉。

⑩ 支架。

⑪ NCV 感测位置。

⑫ 声光报警指示灯。

⑬ 三极管测试端口。

表2-3 屏幕显示符号的含义

符号	含义	符号	含义
⚡	交/直流电压高于 30V 警示符	AUTO	自动量程提示符
H	数据保持提示符	▶⊣	二极管测量提示符
—	负读数	•)))	电路通断测量提示符
AC/DC	交/直流测量提示符	△	相对值测量提示符
🔋	电池电量不足提示符	⏱	自动关机提示符
BL	自动背光提示符	LED	LED 测试
NCV	非接触电压测量	Live	接触式零火线测量提示符
℃/℉	温度单位：摄氏度，华氏度	β	三极管放大倍数
Ω、kΩ、MΩ	电阻单位：欧姆、千欧姆、兆欧姆	mV、V	电压单位：毫伏、伏
μA、mA、A	电流单位：微安、毫安、安	nF、μF、mF	电容单位：纳法、微法、毫法
Hz、%	频率单位赫兹、占空比		

表2-4 功能选择旋钮的符号说明

功能位置	说明	功能位置	说明
V⎓	直流电压测量	Hz/%	频率、占空比测量
V~	交流电压测量	▶⊣ •)))	二极管 PN 结电压测量、电路通断测量
A~	交流电流测量	hFE	三极管测量
A⎓	直流电流测量	Ω	电阻测量
Live	接触式零火线测量	100mF ⊣⊢	电容测量
℃/℉	温度测量	NCV	非接触电压测量
OFF	关闭电源		

3. 测量方法

（1）直流或交流电压的测量

要测量直流或交流电压，步骤如下：

① 将红表笔插头插入 Hz⎓•))) / VΩ▶⊣℃ 端口，黑表笔插头插入 COM 端口；

② 将功能选择旋钮旋至 V⎓ 或 V~ 的适当位置（量程为 600mV/6V/60V/600V/1000V）；

③ 将表笔接触正确的电路测试点，测量电压，如图 2-9 所示为直流电压的测量方法；

④ 读取显示屏上测出的电压值。

测量直流或交流电压的过程中，要注意如下事项。

① 将功能选择旋钮旋至比估计值大的量程，表笔要与被测电路并联，并保持接触稳定。

② 若显示为"1."，则表明量程太小，需要扩大量程后再进行测量。

③ 若直流电压值左侧出现"−"，表示表笔极性与测量极性相反。交流电压无正负之分。

④ 无论测量直流电压还是交流电压，都要注意人身安全，不要随便用手触摸表笔的金属部分。

（2）直流或交流电流的测量

要测量直流或交流电流，步骤如下：

① 将红表笔插头插入 mA、μA 或 20A 端口，黑表笔插头插入 COM 端口；

② 将功能选择旋钮旋至A═或 A～的适当位置（量程为 60mA/600mA/20A）；

③ 先断开被测电路，然后将万用表的红、黑表笔串进电路，测量电流，如图 2-10 所示为交直流电流的测量方法；

④ 读取显示屏上测出的电流。

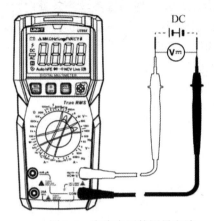

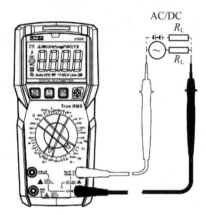

图 2-9　直流电压的测量方法　　　　　　图 2-10　交直流电流的测量方法

测量直流或交流电流的过程中，要注意如下事项。

① 先根据被测电流性质选择直流或交流挡位，然后估计被测电流的大小，若被测电流大于 600mA，则将红表笔插入 20A 插孔，同时功能选择旋钮旋至 20A 电流挡；若被测电流小于 600mA，则将红表笔插入 mA 插孔，同时功能选择旋钮旋至 600mA 以内合适量程。

② 将红、黑表笔与被测电路串联，保持稳定，即可读数。若显示"1."，则表明量程太小，需要扩大量程后再进行测量。

③ 若直流电流值左侧出现"–"，表示电流从黑表笔流入。交流电流无正负之分。

④ 电流测量完毕后，需将红表笔插回 VΩ～℃ 端口，若忘记这样操作而直接测量电压，万用表的保险丝可能会被烧坏。

（3）电阻测量

要测量电阻，操作步骤如下：

① 将红表笔插入 VΩ～℃ 端口，黑表笔插入 COM 端口；

② 将功能选择旋钮旋至Ω档（量程为 600Ω/6kΩ/60kΩ/600kΩ/6MΩ/60MΩ），确保已切断被测电路的电源；

③ 将表笔接触被测电阻两端；

④ 读取显示屏上测出的电阻值。

测量电阻的过程中，要注意如下事项。

① 将功能选择旋钮旋至比估计值大的量程，表笔放置在被测电阻两端，保持接触稳定。

② 若显示"1."，则表明量程太小，需要扩大量程后再进行测量；若显示"0"，则表明量程太大，需要缩小量程后再进行测量。

③ 显示屏上显示的数字加上所选挡位对应的单位就是被测电阻的读数。要注意的是，600挡时单位为Ω，6k～600k挡时单位为kΩ；6M～60M挡时单位为MΩ。

④ 当测量被测电路的阻抗时，要保证移去被测电路中的所有电源和电容。在被测电路中，若有电源和储能元件，会影响电路阻抗测试的正确性。

（4）电路通断与二极管测量

① 测量电路通断的操作步骤如下：

a. 红表笔插入 Hz%·))) VΩ→←°C 端口，黑表笔插入 COM 端口；

b. 将功能选择旋钮旋至 →←·))) 挡，确保已切断被测电路的电源；

c. 将表笔接触被测电路两端；

d. 如果被测电路两端之间的电阻>30Ω，认为电路断路，蜂鸣器不发声，此时红色指示灯点亮；如果被测电路两端之间的电阻≤30Ω，认为电路导通良好，蜂鸣器连续鸣叫，此时绿色指示灯点亮。如果显示屏上显示"OL"，表示电路开路。

② 测量二极管的操作步骤如下：

a. 将红表笔插入 Hz%·))) VΩ→←°C 端口，黑表笔插入 COM 端口；

b. 将功能选择旋钮旋至 →←·))) 挡，确保已切断被测电路的电源；

c. 短按（<2s）SEL/REL 键，以激活二极管测试模式；

d. 将红表笔接到被测二极管的阳极，黑表笔接到被测二极管的阴极；

e. 在显示屏上读取正向偏压值；

f. 当读取值<0.12V 时，红色指示灯点亮，蜂鸣器会长鸣，表示二极管可能击穿损坏；当读取值在 0.12～62V 时，绿色指示灯点亮，蜂鸣器会发出"嘀"的一声，表示二极管正常；如果被测二极管开路或极性反接，显示屏将显示"OL"。对硅 PN 结而言，一般读取值为 500～800mV 被确认为正常值。

二极管正负极性及好坏的判断：将红表笔插入 Hz%·))) VΩ→←°C 端口，黑表笔插入 COM 端口，功能选择旋钮旋至 →←·))) 挡进行测量，然后颠倒红、黑表笔再测一次，如果两次的测量结果一次显示"1"、另一次显示零点几，那么此二极管就是一个正常的二极管；假如两次的显示结果相同，则表示此二极管已经损坏。显示屏上显示一个数字，就是二极管的正向导通压降，硅材料为 0.7V 左右，锗材料为 0.3V 左右。根据二极管的特性，可以判断此时红表笔接的是二极管的阳极，黑表笔接的是二极管的阴极。

（5）使用注意事项

① 如果无法预先估计被测电压或电流的大小，则应将功能选择按钮旋至电压或电流的最高量程挡测量一次，然后视情况逐渐把量程减小到合适的位置。测量完毕，将功能选择按钮旋至最高电压挡，并关闭电源。

② 如果满量程时显示屏仅在最高位显示"1"，其他位均消失，这时应选择更高的量程。

③ 测量电压时，应将数字万用表与被测电路并联；测量电流时，应将数字万用表与被测电路串联。测量直流量时不用考虑正负极性。

④ 当误用交流电压挡去测直流电压，或误用直流电压挡去测交流电压时，显示屏将显示"000"，或低位上的数字出现跳动。

⑤ 禁止在测量高电压（220V 以上）或大电流（0.5A 以上）时换量程，以防止产生电弧。

⑥ 不要在功能选择旋钮的欧姆挡位置去测量电压。

⑦ 当数字万用表的电池即将耗尽时，显示屏左上角会有电池符号显示，此时说明电池的电量不足，若仍进行测量，测量值会比实际值偏高。

⑧ 在更换电池前，需将红、黑表笔从测试点移开，并关闭电源。

2.4 电工电子综合实验系统

1. 概述

电工电子综合实验系统是一款自主研发的集电工技术基础实验、模拟电子技术基础实验和数字电子技术基础实验于一体的，且实验功能可扩展的实验箱，如图 2-11（a）所示。该实验箱包括综合仪器单元、电路分析单元、模拟电路单元、数字电路单元和扩展功能单元。另外，如图 2-11（b）所示，综合仪器单元下方可同时放置 4 块磁吸式可更换的实验电路模块，图 2-11（c）为集成运算放大器电路模块，实施过程中可根据实验设计安排随时进行更换。本书涉及的硬件实验都是在此实验箱上进行的。

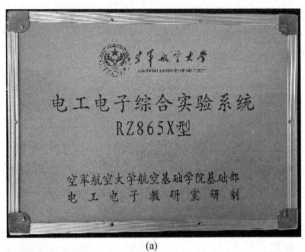

(a)

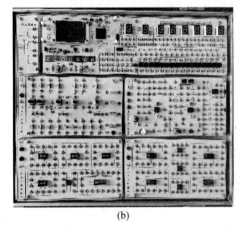

(b)

(c)

图 2-11　电工电子综合实验系统

2. 综合仪器单元

如图 2-12 所示，综合仪器单元包含信号源模块、直流电压信号模块、稳压源模块、时钟信号模块和其他模块。其中，信号源模块可提供正弦波（0～100kHz）、方波和三角波（0～50kHz）、音乐信号，信号幅度为 0～10V；直流电压信号模块可以实现两路可编程直流电压输出，步长为 0.1V，调节范围为-3～+3V，可编程衰减器的衰减范围为 5～40dB，步长为 5dB。稳压源 1 可提供±12V/1A、±5V/1A 固定电源（+5V 和接地端各不少于 5 个），设有短路保护自动恢复功能；稳压源 2 可提供-15～15V/1A 可调直流稳压电源，设有短路保护自动恢复功能。时钟信号模块可提供 1Hz、5Hz、10Hz、100Hz、1kHz、2kHz、5kHz、10kHz、20kHz、100kHz、1MHz 脉冲，连续脉冲 100Hz～1MHz 可调。其他模块包含 4 路消抖正负脉冲输出、16 路逻辑电平输出、8 位 LED 数码管（6 个 BCD 译码，2 个不译码）、16 个 LED 指示灯和三态逻辑笔。

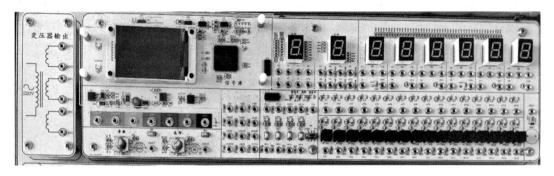

图 2-12　综合仪器单元

3．电路分析单元

电路分析单元包含线性电路特性研究模块、动态电路特性研究模块、谐振电路特性研究模块、负阻电路特性研究模块等关于电路方面的实验模块，如图 2-13 所示为 RLC 串联交流电路和动态电路研究两个电路分析单元样例。其中，线性电路特性研究模块能完成戴维南定理/诺顿定理、基尔霍夫定律/叠加定理、双口网络/互易定理、齐次性、置换性、电路元件伏安特性测试和受控源特性的研究等。动态电路特性研究模块能完成动态元件特性研究，以及正弦稳态电路特性和 RC 电路频率特性测试等。谐振电路特性研究模块能完成串联谐振电路特性研究和并联谐振电路特性研究等。负阻电路特性研究模块能实现负阻抗变换器及其应用研究等。

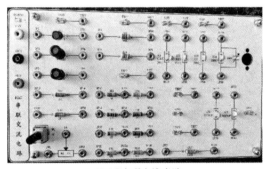 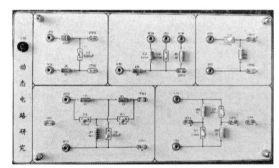

(a) RLC串联交流电路　　　　　　　　　　(b) 动态电路研究

图 2-13　电路分析单元样例

4．模拟电路单元

模拟电路单元包含晶体管放大电路模块、差分放大电路模块、集成运算放大器电路模块、波形变换模块和功放与稳压源模块，如图 2-14 所示为三极管放大电路和集成运算放大器电路两个模拟电路单元样例。其中，三极管放大电路模块能完成单级放大电路、两级放大电路、负反馈放大电路、射极跟随器的实验，偏置电压、反馈、负载可调等。差分放大电路模块能完成双端差模放大、单端差模放大、双端共模抑制实验，可调零。集成运算放大器电路模块能完成比例求和、微/积分电路、电压比较、有源低通/高通/带阻滤波器实验和集成功率放大器实验等。波形变换模块能完成方波、占空比可调矩形波、三角波、锯齿波产生实验，RC 正弦波振荡器、LC 振荡器及选频放大器实验，方波/三角波变换电路、电压/电流变换电路及电压/频率变换实验等。功放与稳压源模块能完成变压（不少于 3 路输出）、整流、滤波（不少于 3 种方式）、集成稳压（不少于 6 种芯片）、串并联稳压、互补对称功率放大器实验等。

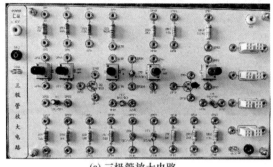 

(a) 三极管放大电路   (b) 集成运算放大器电路

图 2-14 模拟电路单元样例

5. 数字电路单元

数字电路单元包含 IC 实验扩展模块、DIP 插座开发板内置 EP4CE6 芯片模块、555 定时器及其应用电路模块、抢答器电路实验和其他模块，如图 2-15 所示为 555 定时器及其应用电路和抢答器电路实验两个数字电路单元样例。其中，IC 实验扩展模块能提供 4 个 8P（P 表示引脚插孔）、4 个 14P、4 个 16P、1 个 20P、1 个 24P（宽窄兼容）、1 个 28P（宽窄兼容）和 1 个带锁紧功能的 40P，学生可根据实验方案放置各种类型的芯片。DIP 插座开发板内置的 EP4CE6 芯片模块能提供 80 个 I/O，学生可自定义 I/O 完成 EDA 实验及二次开发；FPGA 软件不需 JTAG 下载线，可通过 USB 端口动态下载。其他模块能提供一个 ADC/DAC 模块、一个 555 芯片及配套的阻容元件模块、一个带警示蜂鸣器模块。

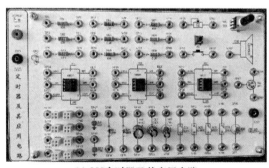 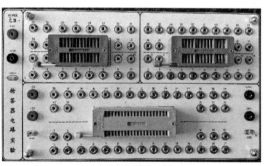

(a) 555 定时器及其应用电路   (b) 抢答器电路实验

图 2-15 数字电路单元样例

6. 扩展功能单元

扩展功能单元包含元器件认知模块、面包板与 DIY 模块、小型低压三相交流电源模块和继电器控制实验模块，如图 2-16 所示为元器件认知模块 1 和面包板与 DIY 模块两个扩展功能单元样例。其中，元器件认知模块放置有常见的不同规格型号的电阻、电感、电容等。面包板与 DIY 模块包含可自由插接到实验箱上的面包板和可自由插接到实验箱上的铜孔，在此模块上可任意插接各种规格的电阻、电容、电感、三极管、二极管等各类直插式元器件。小型低压三相交流电源模块配套有三相交流异步电动机（绕组结构简单可见）。继电器控制实验模块能够实现电动机的启停控制、正反转控制。

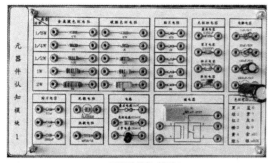

(a) 元器件认知模块1

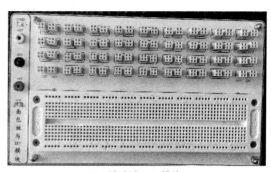

(b) 面包板与DIY模块

图 2-16　扩展功能单元样例

第3章　常用电子元器件

电子元器件是构成电子产品的最小单元，电阻、电容、电感、二极管等都是常用的电子元器件，在很多电路中都会看到它们的身影。了解并熟悉常用的元器件的性能、特点、参数及应用是进行电子产品制作的重要一环。本章介绍常用的电子元器件。

3.1　电　　阻

电阻的主要功能是限制电流，通常可分为固定电阻、可变电阻（电位器）、敏感电阻三大类。

3.1.1　固定电阻

固定电阻是电阻值不变的电阻，是在电子产品制作中使用最多的元器件之一。

1．外形与符号

固定电阻的实物外形和电路符号如图 3-1 所示，图 3-1（a）为常用的色环电阻实物外形，图 3-1（b）为电路符号。电阻通常用字母 R 表示。

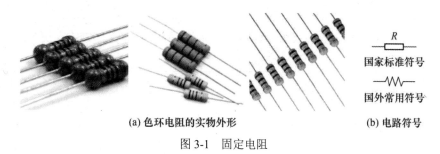

(a) 色环电阻的实物外形　　　　(b) 电路符号

图 3-1　固定电阻

2．主要参数

电阻值和额定功率是电阻的主要参数。

（1）电阻值

电阻值是反映电阻阻碍电流能力大小的参数，简称阻值。阻值的基本计量单位是欧姆（Ω），常用的还有千欧（kΩ）、兆欧（MΩ）等。

为了表示阻值的大小，电阻在出厂时会在其表面标注阻值，这个阻值就是标称阻值。电阻的实际阻值和标称阻值之间往往有一定的差距，这个差距称为误差。电阻标称阻值和误差的标注方式主要有直标法和色环法。

1）直标法

直标法是指用文字符号（数字和字母）在电阻上直接标注出阻值和误差的方法。误差大小表示一般有两种方式：一是用罗马数字Ⅰ、Ⅱ、Ⅲ、…分别表示误差为±5%、±10%、±20%、…，如果不标注误差，误差为±20%；二是用字母来表示，各字母对应的误差见表 3-1，如 J、K 分别表示误差为±5%、±10%。

表 3-1 字母与误差对照表

字母	对应误差	字母	对应误差
W	±0.05%	G	±2%
B	±0.1%	J	±5%
C	±0.25%	K	±10%
D	±0.5%	M	±20%
F	±1%	N	±30%

直标法常见的表示形式见表 3-2。

表 3-2 直标法常见的表示形式

直标法常见的表示形式	例图
用"数值+单位+误差"表示：右图中的 4 个电阻都采用这种表示方法，虽然标注方式不一样，但都表示电阻的阻值为 12kΩ，误差为±10%	12kΩ±10% 12kΩII 12kΩ10% 12kΩK
用单位代表小数点表示：右图中的 4 个电阻都采用这种表示方法，分别为 1.2kΩ、3.3MΩ、3.3Ω、0.33Ω	1k2 3M3 3R3 R33
用"数值+单位"表示：这种标注没有标注误差，表示误差为±20%，右图中的两个电阻均为 12kΩ，误差为±20%	12kΩ 12k
用数字直接表示：一般 1kΩ 以下的电阻采用这种形式，右图中的两个电阻分别是 12Ω 和 120Ω	12 120

2）色环法

色环法是在电阻表面用不同颜色圆环来表示阻值和误差。图 3-2 所示的电阻就是通过色环法来标注阻值和误差的。图 3-2（a）所示电阻上有 4 个色环，称为四环电阻，图 3-2（b）所示电阻上有 5 个色环，称为五环电阻。五环电阻的阻值精度相对于四环电阻更高。

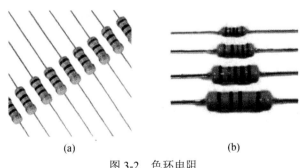

(a)   (b)

图 3-2 色环电阻

不管是四环电阻还是五环电阻，颜色所代表的有效数字是一样的，如表 3-3 所示。

表 3-3 色环电阻的颜色-数字对照表

颜色	有效数字	倍乘数	误差
黑	0	10 的 0 次方	—
棕	1	10 的 1 次方	±1%
红	2	10 的 2 次方	±2%
橙	3	10 的 3 次方	—
黄	4	10 的 4 次方	—
绿	5	10 的 5 次方	±0.5%
蓝	6	10 的 6 次方	±0.25%
紫	7	10 的 7 次方	±0.1%
灰	8	10 的 8 次方	—
白	9	10 的 9 次方	—
无色	—	—	±20%
金	—	10 的-1 次方	±5%
银	—	10 的-2 次方	±10%

下面介绍通过表 3-3 识别色环电阻的阻值。如果是四环电阻，第一、二条分别为第一、二位有效数字色环（有效数字为两位），第三条为倍乘数色环（或是有效数字后有几个零），第四条为允许偏差等级色环，也称为误差环，一般第三、四色环之间的距离相对于其他的环间距要更大一些，如图 3-3 所示。

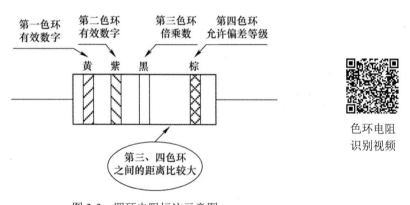

图 3-3 四环电阻标注示意图

四环电阻的阻值为：一环数字（十位）二环数字（个位）×倍乘数，第四色环为误差环。如图 3-3 所示，4 条色环的颜色为黄、紫、黑、棕，代表的阻值和误差为：$47×10^0=47\Omega(±1\%)$。

如果是五环电阻，其阻值为：一环数字（百位）二环数字（十位）三环数字（个位）×倍乘数，第五环为误差环。

如图 3-4 所示，5 条色环的颜色为黄、紫、黑、黑、棕，代表的阻值和误差为 $470×10^0=470\Omega(±1\%)$。

（2）额定功率

额定功率也是电阻的一个常用参数。它是指在规定的大气压力下和特定的环境温度范围内，电阻连续工作所允许承受的最大功率，单位用 W（瓦特）表示。电阻的额定功率越大，允许流过的电流越大。固定电阻的额定功率要按国家标准进行标注，其标称系列有 1/8W、1/4W、

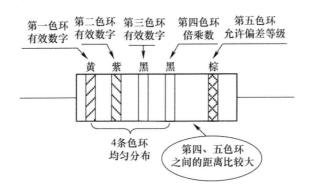

第一色环 有效数字　第二色环 有效数字　第三色环 有效数字　第四色环 倍乘数　第五色环 允许偏差等级

黄　紫　黑　黑　棕

4条色环 均匀分布　　第四、五色环 之间的距离比较大

图 3-4　五环电阻标注示意图

1/2W、1W、2W、5W、10W 等。小电流电路中一般采用功率为 1/8～1/2W 的电阻，大电流电路中常采用 1W 以上的电阻。通常额定功率越大，电阻的体积越大。

注意：对每种电阻同时规定了最高工作电压，即当阻值较高时，即使并未达到额定功率，也不能超过最高工作电压使用。同时，当环境温度高于额定环境温度时，允许功率会直线下降，所以，电阻在高温下很容易烧坏。

色环电阻常用的额定功率是 0.25W，比 0.25W 大一些的是 0.5W，底色都是蓝色。1W 以上的色环电阻，其底色是灰色。功率小于 1W 的，一般电阻上没有标注；大于 1W 的，很多电阻上会直接标注。

电阻额定功率的识别方法如下。

① 对于标注了功率的电阻，可以根据标注的功率值来识别功率的大小，如图 3-5(a)、(b)、(c)所示电阻标注的额定功率分别为 10W、5W、25W，阻值分别为 2.2kΩ、0.22Ω、4Ω，误差均为 ±5%。

(a) 绕线电阻　　　　(b) 水泥电阻　　　　(c) 金属电阻

图 3-5　根据标注识别功率大小

② 对于没有标注功率的电阻，可根据长度和直径来判别其功率大小。一般地，长度和直径越大，功率越大。图 3-6 所示为不同功率大小的色环电阻，从左到右功率依次为 1/4W、1W、2W、5W。

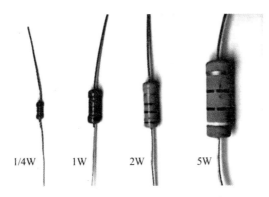

1/4W　　1W　　2W　　5W

图 3-6　不同功率大小的色环电阻

3.1.2　可变电阻

固定电阻是阻值不变的电阻，阻值可以调整的电阻称为可变电阻（或电位器），主要用于需要调节电路电流或需要改变电路阻值的场合。可变电阻与固定电阻的不同之处是，它的阻值可以在一定范围内连续变化，在一些要求阻值变动而又不常变动的场合，可使用可变电阻。可变电阻由于结构和使用的原因，故障发生率明显高于固定电阻。可变电阻通常用于小信号电路中，在电子管放大器等少数大信号场合也使用可变电阻。图 3-7 所示为几种常见的可变电阻外形。

图 3-7　常见的可变电阻外形

1．可变电阻的分类
可变电阻的种类较多，并各有特点。按制作材料可分为膜式可变电阻和线绕式可变电阻。

（1）膜式可变电阻

膜式可变电阻采用旋转式调节方式，一般用在小信号电路中，用于调整偏置电压或偏置电流、信号电压等。

（2）线绕式可变电阻

线绕式可变电阻属于功率型电阻，具有噪声小、耐高温、承载电流大等优点，主要用于各种低频电路的电压或电流调整。

2．可变电阻的外形特征
可变电阻的体积一般比固定电阻的体积大，同时电路中可变电阻较少，在电路板中可方便找到。

可变电阻共有 3 个引脚，这 3 个引脚有区别，一个为动片引脚，另两个为定片引脚，一般两个定片引脚之间可以互换使用，而定片与动片引脚之间不能互换使用。

3．可变电阻的主要参数
可变电阻除具有与固定电阻相同的参数外，还有几个特有的参数。

① 最大阻值和最小阻值：可变电阻的标称阻值都是指最大阻值。最小阻值又称零位阻值，由于活动触头存在接触电阻，因此最小阻值不可能为零。

② 阻值变化特性：是指阻值随活动触头的旋转角度变化的关系，这种关系可以是任何函数形式，常用的有直线式、指数式和对数式，其变化曲线如图 3-8 所示。

③ 滑动噪声：由于电阻体上的导电物质分布不均匀、转动系统配合不当等，使得可变电阻的活动触头在移动时，输出端除有用信号外，还伴有起伏不定的噪声，这就是滑动噪声。

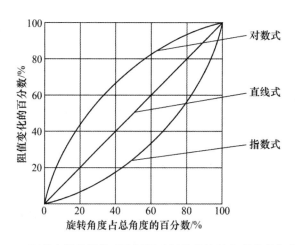

图 3-8　可变电阻的阻值变化随活动触头的旋转角度的变化曲线

4．可变电阻的测量

测量两个定片引脚间的阻值，该阻值为可变电阻的标称阻值。若测量值为无穷大，则可以判断其内部存在断路。

缓慢转动可变电阻的旋转轴，测量一个定片引脚和动片引脚之间的阻值，调节至要求输出的阻值即可。

3.1.3　敏感电阻

在实际应用中，除固定电阻和可变电阻外，还有一些特殊电阻称为敏感电阻，如热敏电阻、光敏电阻、压敏电阻、湿敏电阻、气敏电阻等。图 3-9 所示为 3 种敏感电阻的外形及电路符号。

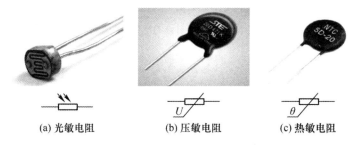

图 3-9　3 种敏感电阻的外形及电路符号

1．光敏电阻

光敏电阻是一种对光敏感的元件，大多是由半导体材料制成的。它利用半导体的光导电特性，使电阻的阻值随入射光线的强弱发生变化（如当入射光线增强时，它的阻值会明显减小；当入射光线减弱时，它的阻值会显著增大）。

2．压敏电阻

压敏电阻是利用半导体材料的非线性制成的，当施加的外加电压达到某一临界值时，压敏电阻的阻值就会急剧变小。

3．热敏电阻

热敏电阻大多由单晶、多晶半导体材料制成，这种电阻的阻值会随温度的变化而变化。

4．湿敏电阻

湿敏电阻的阻值随湿度的变化而变化，湿敏电阻由感湿层（或湿敏膜）、引线电极和具有一定强度的绝缘基体组成。湿敏电阻常用作传感器，用于检测湿度。

5. 气敏电阻

气敏电阻是一种新型的半导体元件，这种电阻是利用金属氧化膜半导体表面吸收某种气体分子时，会发生氧化反应或还原反应而使阻值改变的特性而制成的。

3.2 电 容

电容视频

电容是一种可以存储电荷的元件，其存储电荷的多少称为电容量。电容的规格、种类很多，按结构可以分为固定电容和可变电容等，按介质可分为瓷片电容、电解电容、有机薄膜介质电容、独石电容等。如图 3-10 所示为电容"家族"一览表。之所以有这么多种，主要是考虑到成本、体积、电容量和耐压值的需求。比如电解电容很便宜，可以做成很大的电容量，但较大的体积不适用于精密电器。独石电容和瓷片电容可以做到很小的体积，成本也低，但电容量很小。钽电容可以做到体积小、容量大、耐高压，但是非常贵。没有完美的电容，我们只有充分了解它们的特性之后，才能在特定的场合下选择最合适的电容。

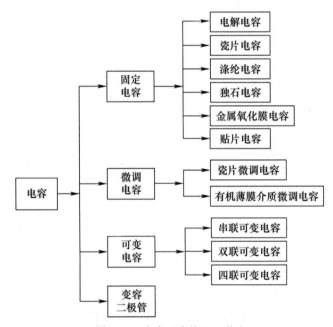

图 3-10 电容"家族"一览表

3.2.1 外形和符号

图 3-11 所示为一些常用电容的外形及电路符号。

(a) 实物外形   (b) 电路符号

图 3-11 常用电容的外形及电路符号

3.2.2　主要参数

电容的主要技术参数有电容量、额定直流工作电压和允许偏差等。

1．电容量

电容量是指电容存储电荷能力的大小，是由电容本身构造决定的。电容的极板面积越大、介质越薄、介质常数越大，电容量就越大。

电容量的基本单位是法拉，用字母"F"表示。这个单位很大，更常用的单位是微法（μF），更小的单位是皮法（pF）。它们之间的关系为

$$1F=10^6\mu F，1\mu F=10^6 pF$$

2．额定直流工作电压

电容的额定直流工作电压简称为耐压值。电容的工作电压超过耐压值，就会击穿里面的绝缘介质，造成电容损坏。电容的耐压值一般标注在外壳上。

3．允许偏差

电容的允许偏差（常称误差）是指电容量的实际值和标称值之差与标称值的百分比，通常分 3 个等级：I 级为±5%，II 级为±10%，III 级为±20%。普通铝电解电容的允许偏差较大，甚至达到-30%～100%。

3.2.3　标识方法

下面只介绍瓷片电容和电解电容的标注方法。

1．瓷片电容

瓷片电容使用陶瓷材料挤压成圆片作为介质，通过烧渗方式将银镀在陶瓷上作为电极并通过引脚引出，其实物外形如图 3-12 所示，瓷片电容通常也称为瓷介电容。瓷片电容有两个引脚，不区分极性。瓷片电容的优点是性能稳定、体积小，分布参数影响小，适用于高稳定的振荡电路。其缺点是电容的允许偏差大一些，电容量也较小。

图 3-12　瓷片电容

瓷片电容目前多采用 3 位数字表示其电容量。其中前两位数字表示有效数字，第 3 位表示乘以 10 的 N 次方，也就是在两位有效数字后添多少个 0，单位为皮法（pF）。对于 100pF 以下的电容，通常仅用 2 位数字标示出电容量，省略第 3 位数字。

例如，瓷片电容上印有 33，表示电容量为 33pF；如果瓷片电容上印有 333，表示电容量为 33000pF，即 0.033μF。同理，常用的 102、103、104 这 3 种瓷片电容，电容量分别为 0.001μF、0.01μF、0.1μF。

瓷片电容工作时也有耐压的要求，必须在低于额定电压下工作，并应留有余量。高耐压的瓷片电容会在外壳上直接印制耐压值，普通瓷片电容往往不标注耐压值，多为 50V。

在一些小容量的瓷片电容的顶部，常能看到一小段黑漆。这种顶部刷黑漆的瓷片电容常表示其可用于高频电路。

2．电解电容

电解电容在实际中应用广泛，其实物外形如图 3-13 所示。电解电容是带有极性的，其电

路符号相对于非极性电容多了一个"+"，带"+"的一端是正极，另一端是负极。电解电容通常为圆柱形，有两个引脚，一长一短，长引脚是正极，短引脚是负极，在外壳上，短引脚的一边印有"-"标记，表明该引脚是负极。

图 3-13　电解电容

铝电解电容是将附有氧化膜的铝箔作为电极（阳极箔）、电解质作为负极（阴极箔），中间是浸有电解液的绝缘纸，一起卷绕而成的。铝电解电容是目前用量最多的一种电解电容，具有价格低、电容量大、货源多等优点，缺点是介质损耗大、允许偏差大、耐高温性能差、存放时间长容易失效。

相较于瓷片电容，电解电容的电容量一般会更大，其电容量和耐压值直接印制在其外壳上。

3.3　电　　感

电感视频

电感俗称为电感线圈或简称线圈，也是一种常用的电子元件，但相对于电阻和电容，电感的使用要少得多。收音机中的磁性天线线圈、超外差式收音机中的振荡线圈等，都是电感。

3.3.1　外形和符号

电感是一种把电能转换成磁能并存储起来的元件。各种常见电感的实物外形如图 3-14 所示。电感一般情况下有两个引脚，这是没有抽头的电感，这两个引脚是不分正、负极性的，可以互换。如果电感有抽头，引脚数目就会大于两个。3 个引脚就有头、尾和抽头的分别，不能混淆。

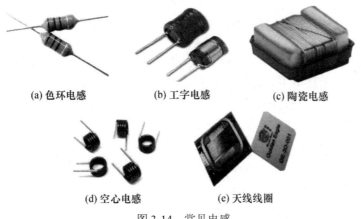

(a) 色环电感　　　　(b) 工字电感　　　　(c) 陶瓷电感

(d) 空心电感　　　　(e) 天线线圈

图 3-14　常见电感

电感的种类很多，一般有以下分类。

① 按形式分：固定电感、可变电感。

② 按导磁体性质分：空心电感、铁氧体电感、铁芯电感、铜芯电感。

③ 按工作性质分：天线线圈、振荡线圈、扼流线圈、陷波线圈、偏转线圈。

④ 按绕线结构分：单层线圈、多层线圈、蜂房式线圈。

⑤ 按工作频率分：高频电感、低频电感。

不同类型的电感在电路图中通常采用不同的图形符号来表示。图 3-15 是几种常用电感的电路符号，形象地表示了电感的结构，连续的半圆线就好像是线圈的绕组，两端的直线代表引出线。如果线圈的中间画出了直线，表示该线圈带有抽头；如果在连续的半圆形上方画出较粗的平行直线，表示该线圈是绕在铁芯上的；如果较粗的平行直线是断续的，则表示该线圈是绕在磁芯上的。另外，如果图中各电感图形符号上画出带箭头的斜线，则表示是一个电感量可调的电感。

图 3-15　几种常用电感的电路符号

3.3.2　主要参数

1．电感量

电感量也称自感系数，是表示电感产生自感应能力的一个物理量。电感量的大小，主要取决于线圈的圈数（匝数）、绕制方式、有无磁芯及磁芯材料等。通常，线圈圈数越多，绕制的线圈越密集，电感量就越大。有磁芯的线圈比无磁芯的线圈的电感量大；磁芯磁导率越大的线圈，电感量也越大。

电感量是线圈本身的固有特性，其基本单位是亨利（简称亨），用字母"H"表示。常用的单位还有毫亨（mH）和微亨（μH）。

2．允许偏差

允许偏差是指电感上的标称电感量与实际电感量的允许误差值。一般用于振荡电路或滤波电路中的电感精度要求比较高的情况，允许偏差为±0.2%～±0.5%；而用于耦合电路或高频阻流电路的电感量精度要求不太高，允许偏差为±10%～±15%。

3．品质因数

品质因数表示电感品质的参数，也称作 Q 值或优值。电感在一定频率的交流电压下工作时，其感抗 X_L 和等效损耗电阻之比即为 Q 值。Q 值越大，电感自身的损耗越小，在用电感和电容组成谐振电路时，频率选择性好。例如，收音机的磁性天线线圈多采用多股漆包线绕制，就是为了提高它的 Q 值，改善收音机的频率选择性。

4．分布电容

分布电容是指线圈的匝与匝之间、线圈与磁芯之间、线圈与地之间以及线圈与金属之间都存在的电容。一般情况下，线圈分布电容的数值是很小的，但它的存在会使 Q 值降低，稳定性变差。线圈的分布电容应越小越好。

5. 额定电流

额定电流是指电感在正常工作时所允许通过的最大电流。额定电流主要针对高频电感和大功率调谐电感。使用中，通过电感的电流超过额定电流时，电感将发热，严重时会烧毁。

3.3.3 标识方法

电感的标识方法通常有直接标注法、数字符号标注法、数码标注法和颜色标注法（简称色标法）4种。标注内容主要是电感量和允许偏差，有的还标出型号和额定电流等。

1. 直接标注法

该方法直接用数字和文字符号印制在电感的外壳上，后面用一个英文字母表示其允许偏差，电感所标字母代表的允许偏差如表 3-4 所示。如标注为"100μH K"，表示标称电感量为 100μH，允许偏差为±10%；"2.5mH J"，表示标称电感量为 2.5mH，允许偏差为±5%；"150μH M"表示标称电感量为 150μH，允许偏差为±20%。需要说明的是，一些国产电感的允许偏差不采用英文字母表示，而采用Ⅰ、Ⅱ、Ⅲ这3个等级来表示，其中Ⅰ级为±5%，Ⅱ级为±10%，Ⅲ级为±20%。这与一些国产电阻、电容的表示方法是完全一样的。

表 3-4 电感所标字母代表的允许偏差

英文字母	允许偏差/%	英文字母	允许偏差/%
Y	±0.001	D	±0.5
X	±0.002	F	±1
E	±0.005	G	±2
L	±0.01	J	±5
P	±0.02	K	±10
W	±0.05	M	±20
B	±0.1	N	±30
C	±0.25		

2. 数字符号标注法

将电感的标称电感量和允许偏差用数字和文字符号按一定的规律标注在电感上。采用这种标注方法的通常是一些小功率电感，其单位通常为 nH 或μH，分别用字母"N"或"R"表示。在遇有小数点时，还用该字母代表小数点。例如，47N 表示标称电感量为 47nH=0.047μH，4R7 则代表标称电感量为 4.7μH。采用这种标注法的电感，通常还后缀一个英文字母表示允许偏差，各字母代表的允许偏差与直接标注法相同。

3. 数码标注法

该方法用 3 位数字来表示电感的标称电感量，在 3 位数字中，从左至右的第 1、2 位为有效数字，第 3 位数字表示有效数字后加 0 的个数。数码标注法的电感单位为μH。电感单位后面用一个英文字母表示其允许偏差。例如，标注为"151K"，表示标称电感量为 150μH，允许偏差为±10%；标注为"470K"，表示标称电感量为 47μH，允许偏差为±10%。

4. 色标法

该方法多用 4 个色环表示标称电感量和允许偏差，如图 3-16 所示，其电感单位为μH。第一、二色环表示有效数字，第三色环表示倍乘数，第四色环表示允许偏差。需要注意的是，紧靠电感体一端的色环为第一色环，露出电感本色体较多的一端为末环。电感的色标法和电阻的色标法类似，色环所代表的颜色的含义也类似。

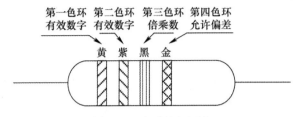

图 3-16 电感的色标法

色标法常用于小型固定高频电感，这种方法在电阻和电容中也采用，区别在于元件本身的底色，碳膜电阻底色为米黄色，金属膜电阻底色为天蓝色，电容底色为粉红色，电感底色为草绿色。

另外，国产 LG 型小型固定电感用色码表示电感量，并用字母表示它的额定工作电流，其中 A 表示 50mA，B 表示 150mA，C 表示 300mA，D 表示 700mA，E 表示 1600mA。

3.4 二 极 管

二极管视频

晶体二极管简称二极管，它和晶体三极管一样都是由半导体材料构成的。常用的半导体材料有硅和锗。半导体材料有两个显著特性：一是导电能力的大小受所含极其微量的杂质的影响极大，如硅中只要掺杂百万分之一的硼，导电能力就可以提高 50 万倍以上；二是导电能力受外界条件的影响很大，如温度、光照的变化，都会使它的电阻率明显改变。利用这些性能可以制作出用途广泛、各具特点、功能不一的形形色色的半导体器件。

二极管种类很多，常用的有普通二极管（用于整流、检波、开关等）和具有特殊性能的二极管（如稳压二极管、发光二极管、光敏二极管等）。下面介绍普通二极管、稳压二极管和发光二极管。

3.4.1 普通二极管

1．外形和符号

普通二极管按照所使用半导体材料的不同，可以分为锗二极管和硅二极管；按管芯结构不同，可以分为点接触型、面接触型和平面型二极管；根据管子用途不同，可以分为整流二极管、检波二极管、开关二极管等。图 3-17 为普通二极管的外形图。

普通二极管在电路中的符号表示如图 3-18 所示，图中的三角形象征箭头，代表电流的方向，短直线象征半导体材料。二极管具有单向导电性，与短直线相连的一端为二极管的负极，即图中右侧为负极。普通二极管的通用文字符号是 VD，在电路图中常写在图形符号旁边，若电路图中有多个同类型二极管，就在文字后面或右下角标上数字，如 VD_1、VD_2 等。

2．主要参数

二极管的参数有很多，常用于检波、整流的二极管的主要参数有以下几个。

① 最大整流电流（I_{FM}）：指二极管长期连续工作时，允许正向通过 PN 结的最大平均电

流。最大整流电流也称为额定正向工作电流。使用时，流过二极管的实际电流应小于该参数，否则将损坏二极管。例如，1N4007型硅整流二极管的最大整流电流为1A。

图 3-17 普通二极管的外形图

图 3-18 普通二极管的电路符号

② 最高反向工作电压（U_{RM}）：指加在二极管两端而不至于引起 PN 结击穿的最大反向电压。实际使用中，一般选择 U_{RM} 大于实际工作电压的 2 倍以上的二极管。例如，1N4001 型硅二极管的最高反向工作电压为 50V，1N4007 型硅二极管的最高反向工作电压为 1000V。

③ 正向电压降（U_F）：指二极管正向导通时其两端产生的正向电压降。规定的正向电流下二极管的正向电压降越小越好。

④ 反向电流（I_R）：指二极管在规定的温度和最高反向工作电压作用下流过二极管的反向电流。反向电流越小，二极管的单向导电性能越好。一般硅二极管的反向电流为 10μA 或更小，锗二极管的反向电流约为几百微安。

⑤ 最高工作频率（f_M）：由于 PN 结的极间存在电容，使二极管所能应用的工作频率有一个上限，f_M 是二极管能正常工作的最高频率。在用作检波或高频整流时，应选用至少 2 倍于电路实际工作频率的二极管，否则二极管不能正常工作。例如，2AP9 型锗检波二极管的最高工作频率为 100MHz，1N4000 系列硅整流二极管的最高工作频率为 3kHz。

3．标识方法

通常，二极管的外壳上只标注型号和极性，不会像电阻、电容、电感那样标注主要参数，要想了解二极管的相关参数，需要查阅有关手册。表 3-5 所示为常用二极管的主要参数。

表 3-5 常用二极管的主要参数

型号	最大整流电流 I_{FM}/mA	最高反向工作电压 U_{RM}/V	反向击穿电压 U_{BR}/V	正向电压降 U_F/V	反向电流 I_R/μA	最高工作频率 f_M/kHz	主要用途
2AP1	16	20	≥40			1.5×10^5	检波
2AP2	16	30	≥45			1.5×10^5	检波
2AP3	25	30	≥45			1.5×10^5	检波
2AP4	16	50	≥75			1.5×10^5	检波
2AP5	16	75	≥110			1.5×10^5	检波
2AP6	12	100	≥150	—	—	1.5×10^5	检波
2AP7	12	100	≥150	—	—	1.5×10^5	检波
2AP8	35	15	≥20	—	—	1.5×10^5	检波
2AP9	5	15	≥20		≤200	1×10^5	检波
2AP10	8	30	≥40		≤200	1×10^5	检波

型号	最大整流电流 I_{FM}/mA	最高反向工作电压 U_{RM}/V	反向击穿电压 U_{BR}/V	正向电压降 U_F/V	反向电流 I_R/μA	最高工作频率 f_M/kHz	主要用途
1N60	30	40			≤200		检波
2CK9	30	10	15	≤1	≤1		高频开关
2CK10	30	20	30	≤1	≤1		高频开关
2CK11	30	30	45	≤1	≤1		高频开关
2CK12	30	40	60	≤1	≤1		高频开关
2CP10	100	25		≤1.5	≤5	50	整流
2CP18	100	400		≤1.5	≤5	50	整流
2CZ53A	300	25		≤1	<5	3	整流
2CZ54F	500	400		≤1	<10	3	整流
2CZ58G	10000	500		≤1.3	<40	3	整流
2CZ58M	10000	1000		≤1.3	<40	3	整流
1N4148	450	60	100	≤1	<5		高频开关
1N4149	450	60	100	≤1	<5		高频开关
1N4000	1000	25		≤1	<5	3	整流
1N4001	1000	50		≤1	<5	3	整流
1N4002	1000	100		≤1	<5	3	整流
1N4003	1000	200		≤1	<5	3	整流
1N4004	1000	400		≤1	<5	3	整流
1N4005	1000	600		≤1	<5	3	整流
1N4006	1000	800		≤1	<5	3	整流
1N4007	1000	1000		≤1	<5	3	整流
1N5400	3000	50		≤0.8	<10	3	整流
1N5401	3000	100		≤0.8	<10	3	整流
1N5402	3000	200		≤0.8	<10	3	整流
1N5403	3000	300		≤0.8	<10	3	整流
1N5404	3000	400		≤0.8	<10	3	整流
1N5405	3000	500		≤0.8	<10	3	整流
1N5406	3000	600		≤0.8	<10	3	整流
1N5407	3000	800		≤0.8	<10	3	整流
1N5408	3000	1000		≤0.8	<10	3	整流

根据二极管的外壳标识或封装形状，可以区分出两个引脚的正、负极性，如图 3-19 所示。国产二极管通常将极性印制在管壳上，小型塑料封装的二极管通常在负极一端印上一道色环（常为银白色）。

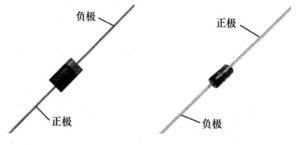

图 3-19 二极管引脚识别

3.4.2 稳压二极管

1．外形和符号

稳压二极管（又称齐纳二极管）简称稳压管，是一种专门用来稳定电路工作电压的二极管。它工作于反向击穿状态，具有稳定的端电压。

常见的稳压管外形与普通二极管的外形没有明显区别，如图 3-20 所示。稳压管的外壳有玻璃、塑料和金属 3 种，一般小功率稳压管采用玻璃或塑料封装，大功率稳压管采用散热良好的金属外壳封装。由于稳压管一般用硅半导体材料构成，所以也称为硅稳压二极管或硅稳压管。

稳压管的电路符号如图 3-21 所示，其图形符号是在普通二极管符号的短直线一端加上一个小直角，以表示稳压，在电路中需要反接。稳压管的文字是 VD，在电路图中常写在图形符号旁边。

图 3-20　常见稳压管的外形图

VD

图 3-21　稳压管的电路符号

2．主要参数

稳压管工作在反向击穿状态，其主要用途是稳压，所以它的主要参数和普通二极管区别很大，主要有以下 5 项。

① 稳定电压（U_Z）：指稳压管起稳压作用时，其两端的反向电压值，通常简称为"稳压值"。稳压管的稳压值随其工作电流和温度的变化略有改变。不同型号的稳压管通常具有不同的稳压值，即使同一型号的稳压管，稳压值也不完全相同。

② 工作电流（I_Z）：指稳压管正常工作时通过稳压管的反向击穿电流。稳压管工作电流过小，稳压效果会变差，而工作电流过大，会使稳压管过热而损坏。一般在允许的工作电流范围内，电流大一些，稳压效果相对更好一些。

③ 最大工作电流（I_{ZM}）：指稳压管长期正常工作时所允许通过的最大反向电流。使用中应注意，通过稳压管的工作电流不允许超过最大工作电流 I_{ZM}，否则会烧坏稳压管。

④ 最大耗散功率（P_M）：指稳压管本身消耗功率的最大允许值，也称额定功耗。实际使用中，不允许稳压管的实际功耗超过这个最大值，否则稳压管会过热而损坏。

⑤ 动态电阻（R_Z）：把稳压管电压变化量ΔU_Z与流过电流变化量ΔI_Z的比值称为二极管的动态电阻。稳压管的动态电阻越小，稳压效果越好。实践证明，同一稳压管的动态电阻会随着工作电流的不同而改变，工作电流大时，其动态电阻较小；工作电流偏小时，动态电阻会明显增大。

3．标识方法

常见稳压管多在管体上标注出型号和极性，有的体积较小的稳压管仅标注出稳定电压和极性，如标注出"4V7"，表示该稳压管的稳定电压为4.7V。

根据稳压管的外壳标识或封装形状，可以区分出两个引脚的正、负极性，其标识方法和普通二极管相同。需要注意的是，稳压管要工作在反向击穿状态，所以在接进电路时，负极接高压端、正极接低压端。

在实际中，稳压管的工作电流要取得大一些（一般为I_{ZM}的1/5~1/2），才会有较好的稳压效果。如果知道了某个稳压管的最大耗散功率P_M和稳定电压U_Z，就可以利用$I_{ZM}=P_M/U_Z$计算出最大工作电流。要想了解稳压管更详细的参数，需要查阅相关技术手册。表3-6列出了几种常用稳压管的主要参数。

表3-6　常用稳压管的主要参数

型号	稳定电压 U_Z/V	动态电阻 R_Z/Ω	最大工作电流 I_{ZM}/mA	最大耗散功率 P_M/mW	可替换型号
2CW51	2.5~3.5	60	71	250	1N4618、1N4619、1N4620、2CW10
2CW54	5.5~6.5	30	38	250	1N4627、2CW13
2CW60	11.5~12.5	40	19	250	1N4106、2CW19
2CW101	2.5~3.5	25	280	1000	1N4728、2CW21S
2CW104	5.5~6.5	15	150	1000	1N4734、1N4735、2CW21B
2CW110	11.5~12.5	20	76	1000	1N4742、2CW21H
2CW230	5.8~6.6	≤25	30	200	2DW7A

3.4.3　发光二极管

发光二极管（也称LED）是采用特殊的磷化镓（GaP）或磷砷化镓（GaAsP）等半导体材料制成的，能够将电能直接转换成光能。发光二极管的结构与普通二极管一样，也具有单向导电性，但发光二极管不是利用单向导电性而是让它发光用作指示（显示）或照明器件的。

当给发光二极管通过一定的正向电流时，二极管就会发光。与带灯丝的普通小电珠相比，发光二极管具有体积小、色彩艳丽、耗电低、发光效率高、响应速度快、耐振动和使用寿命长等优点，可应用于各种电器装备及仪器仪表中。

1．外形和符号

单色发光二极管就是我们实际中经常用到的发光二极管，它通电后只能发出单一颜色的亮光，其外形如图3-22所示。按管壳形状，发光二极管可以分为圆形、方形和异形3种，圆形尺寸主要有ϕ3mm、ϕ5mm、ϕ10mm，方形尺寸主要有2mm×5mm。按发光亮度，发光二极管一般可以分为普通发光二极管和高亮发光二极管。由于制造材料和掺杂杂质的不同，发光二极管的发光颜色一般有红、黄、绿、橙、蓝、白等。发光二极管的发光颜色一般和它本身的颜色接近，但也有白色透明发光二极管能发出红、黄、绿、蓝等颜色。

发光二极管在电路图中的符号如图 3-23 所示，其图形符号是在普通二极管符号的基础上增加了两个箭头，表示能够发光。发光二极管的文字符号是 VD，在电路图中常写在图形符号旁边。

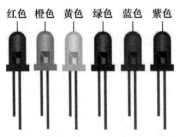

图 3-22 单色发光二极管的外形图

图 3-23 发光二极管的电路符号

2. 主要参数

表征发光二极管特性的参数包括光学和电学两类，主要参数有以下几项。

① 发光强度（I_V）：表示当发光二极管通过规定的正向电流时，在管芯垂直方向上单位立体角内发出的光通量，一般以毫坎［德拉］（mcd）为单位，这是表示发光二极管亮度的参数。

② 最大工作电流（I_{FM}）：指发光二极管长期正常工作所允许通过的最大正向电流。使用中不应超过此值，否则会烧坏发光二极管。例如，国产 BT-104（绿色）、BT-204（红色）发光二极管的最大工作电流均为 30mA。

③ 正向电压降（U_F）：指发光二极管通过规定的工作电流而正常发光时，管子两端所产生的电压降（也称工作电压）。发光二极管的正向电压降比普通二极管要高，一般为 1.8～3.8V。不同颜色、不同工艺的发光二极管，其正向电压降也不同，如红色发光二极管的正向电压降约为 1.8V，黄色发光二极管的正向电压降约为 2V，绿色发光二极管的正向电压降约为 2.3V，白色发光二极管的正向电压降通常高于 2.4V，蓝色发光二极管的正向电压降为 3V。

④ 最大反向电压（U_{RM}）：指发光二极管在不被击穿的前提下所能承受的最大反向电压（也称反向耐压）。发光二极管的最大反向电压一般为 6V，最高不超过十几伏，使用中发光二极管承受的反向电压一般不超过 5V。

3. 标识方法

常用的发光二极管引脚较长的一端为正极，较短的一端为负极，如图 3-24（a）所示。观察发光二极管的内部，可以发现里面的两个电极一大一小，一般电极较小的一端是发光二极管的正极、电极较大的一端是它的负极，如图 3-24（b）所示。但对于一些进口管芯的发光二极管，并不都满足此特点。

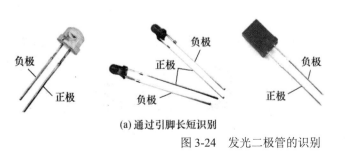

(a) 通过引脚长短识别　　　　　　　　(b) 通过内部电极识别

图 3-24 发光二极管的识别

3.5 三　极　管

三极管视频

三极管是一种具有两个 PN 结的半导体器件，具有电流放大和控制作用。利用三极管的特性，可以组成放大、振荡、开关等各种功能的电子电路。

3.5.1　外形和符号

常用三极管的外形如图 3-25 所示。三极管按照制作材料不同，可分为硅管、锗管和化合物管；按 PN 结组合不同，可分为 NPN 型和 PNP 型两大类；按特征频率不同，可分为超高频管（≥300MHz）、高频管（≥30MHz）、中频管（≥3MHz）和低频管（<3MHz）；按功率大小划分，可分为小功率管（<0.5W）、中功率管（0.5～1W）和大功率管（>1W）；按封装材料不同，可分为塑料封装管、金属壳封装管、玻璃壳封装管和陶瓷环氧封装管等；按用途划分，可分为低频放大管、高频放大管、开关管、低噪声管、高反压管、复合管等。

图 3-26 给出了三极管的电路符号，有 NPN 和 PNP 两种，两者的区别是发射极的箭头方向不同，代表了发射极的电流方向。三极管的文字符号是 VT。

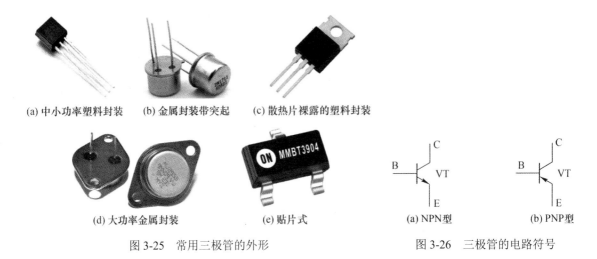

(a) 中小功率塑料封装　　(b) 金属封装带突起　　(c) 散热片裸露的塑料封装

(d) 大功率金属封装　　(e) 贴片式

(a) NPN型　　　　(b) PNP型

图 3-25　常用三极管的外形　　　　图 3-26　三极管的电路符号

3.5.2　主要参数

三极管的参数分为两类，一类是应用参数，表明管子的各种性能；另一类是极限参数，表明管子的安全使用范围。常用的参数有以下几种。

（1）电流放大系数（β 和 $\overline{\beta}$）

三极管的集电极电流 I_c 和基极电流 I_b 的比值，称为静态电流放大系数或直流电流放大系数，用 $\overline{\beta}$ 或 h_{FE} 表示。三极管集电极电流的变化量 ΔI_c 与基极电流的变化量 ΔI_b 的比值，称为动态电流放大系数或交流电流放大系数，用 β 或 h_{fe} 表示。电流放大系数的大小，表示三极管的放大能力强弱。粗略估算时，可以认为 β 和 $\overline{\beta}$ 相等。常用小功率三极管的 β 值为 20～200。

（2）特征频率（f_T）

三极管的电流放大系数与工作频率有关，工作频率超过一定值时，β 值开始下降，当下降为 1 时，对应的频率即为特征频率，这时三极管已完全没有电流放大能力。

（3）集电极反向电流（I_{CBO}）

指在发射极开路的情况下，在基极和集电极之间加上规定的反向电压，流过集电结的反向截止电流，用 I_{CBO} 表示。此电流只与温度有关，与所加反向电压的大小基本没有关系，所以又称为"反向饱和电流"。该参数能够反映出集电结的温度稳定性和热噪声，性能良好的三极管的 I_{CBO} 应很小。在室温下，小功率锗管的 I_{CBO} 为 1～10μA，小功率硅管的 I_{CBO} 在 1μA 以下。硅管的稳定性要明显高于锗管。

（4）穿透电流（I_{CEO}）

三极管的基极开路时，集电极和发射极之间加上反向电压后出现的集电极电流，用 I_{CEO} 表示。一般情况下，小功率锗管的穿透电流在几百微安以下，硅管在几微安以下，都是很小的值。穿透电流大的三极管，损耗大，受环境温度影响严重，工作不够稳定。穿透电流是衡量三极管热稳定性的重要参数，它的数值越小，管子的热稳定性越好。

（5）集电极-发射极击穿电压（$U_{(BR)CEO}$）

这是三极管的一项极限参数，是指三极管基极开路时所允许加在集电极和发射极之间的最大电压。工作电压超过 $U_{(BR)CEO}$，三极管将可能被击穿。

（6）集电极最大允许电流（I_{CM}）

这也是三极管的一项极限参数。三极管工作时，若集电极电流过大，会引起 β 值下降。一般规定，当 β 值下降到额定值的 1/2 或 2/3 时的集电极电流为集电极最大允许电流，常用 I_{CM} 表示。实际应用时，集电极电流超过 I_{CM} 时，三极管不一定损坏，但放大能力将会下降。

（7）集电极最大耗散功率（P_{CM}）

这是三极管的一项极限参数。三极管工作时，集电极要消耗功率，当功率超出一定限度时，三极管会因为集电结温度过高而烧坏。三极管的集电极最大耗散功率是由管子的设计和制造工艺所决定的，用 P_{CM} 表示，其数值大小可从器件性能手册中查到。实际使用时，三极管的集电极实际耗散功率必须小于这个极限值，即"集电极与发射极之间的实际工作电压 U_{CE}×集电极工作电流 $I_C < P_{CM}$"，否则，哪怕是短时间的超出，也会损坏三极管。小功率三极管的 P_{CM} 值在几十到几百毫瓦之间，大功率三极管在 1W 以上。

3.5.3 标识方法

1. 三极管的型号命名

三极管型号的命名一般由 5 部分组成，如图 3-27 所示，各部分符号的含义见表 3-7。

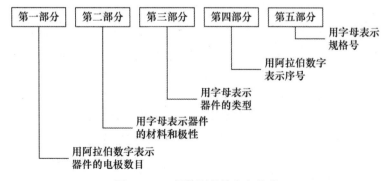

图 3-27 三极管型号的命名组成

表 3-7 三极管型号各部分符号的含义

第一部分		第二部分		第三部分		第四部分	第五部分
电极数目		材料和极性		三极管类型		含义	含义
符号	含义	符号	含义	符号	含义		
3	三极管	A	PNP 型锗管	S	隧道管	如果第一、二、三部分相同，仅第四部分不同，则表示在某些性能参数上有差别	参数等级
		B	NPN 型锗管	U	光电管		
		C	PNP 型硅管	L	开关管		
		D	NPN 型硅管	X	低频小功率管 截止频率 $f_a<3\mathrm{MHz}$ 最大耗散功率 $P_{CM}<1\mathrm{W}$		
				G	高频小功率管 截止频率 $f_a\geq3\mathrm{MHz}$ 最大耗散功率 $P_{CM}<1\mathrm{W}$		
				D	低频大功率管 截止频率 $f_a<3\mathrm{MHz}$ 最大耗散功率 $P_{CM}\geq1\mathrm{W}$		
				A	高频大功率管 截止频率 $f_a\geq3\mathrm{MHz}$ 最大耗散功率 $P_{CM}\geq1\mathrm{W}$		
				T	可控整流管		

例如，3AX31B，表示 PNP 型锗低频小功率三极管；3AD6A，表示 PNP 型锗低频大功率管；3DG6B，表示 NPN 型硅高频小功率管。

2．三极管的管型判别

三极管的型号标识一般都直接标注在其管帽上，根据三极管的命名方法可以判断管型。若管帽标注不清，用万用表进行简易测量，便可区别 PNP 型和 NPN 型。

利用 PN 结的反向电阻远大于正向电阻的特点，可采用万用表进行三极管的管型检测。检测方法如下：用指针式万用表的×100Ω或×1kΩ挡测量三极管 3 个电极中每两个电极之间的正、反向电阻值。用第一个表笔接任一电极，用第二个表笔先后接触另外两个电极，如果均测得低电阻值，则第一个表笔接触的电极为基极。如果红表笔接触基极，黑表笔分别接其他两个电极，测量的电阻值都较小，则可判定为 PNP 型三极管；如果黑表笔接触基极，红表笔分别接其他两个电极，测量的电阻值都较小，则可判定为 NPN 型三极管。

3．三极管的引脚判定

三极管的型号标识一般都直接标注在其管帽上，可以通过查阅三极管手册来查找该三极管的引脚排序和有关参数。对于中小功率塑料封装的三极管，可将平面朝向自己，3 个引脚朝下放置，一般从左至右依次为 E、B、C，如图 3-28（a）所示；金属封装的三极管，其底端有一个小突起，距离这个突起最近的是 E，然后顺时针依次是 B 和 C，如图 3-28（b）所示；金属封装没有突起的三极管，将引脚朝向自己，呈倒三角形，依次为 E、B、C，如图 3-28（c）所示；中规模裸露散热片的塑料封装三极管，将塑料封装面朝向自己，引脚向下，一般从左至右依次为 C、B、E，如图 3-28（d）所示；大功率金属封装的三极管，将引脚朝向自己，两个引脚偏左放置时，上面引脚为 E、下面引脚为 B，而管壳为 C，如图 3-28（e）所示；贴片式三极管的型号种类较多，可查阅相关资料识别引脚名称，图 3-28（f）所示仅为其中一种型号及其识别方式。

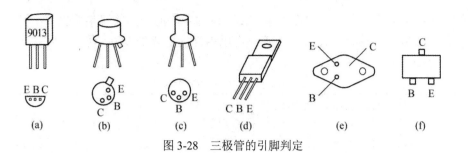

图 3-28　三极管的引脚判定

如果型号标识不清，则可通过测量方法判断 3 个电极。通过三极管的管型已判断出三极管的基极，下面用万用表进一步判断集电极和发射极。

① 将指针式万用表置于×100Ω或×1kΩ挡，假设除基极外任一电极为集电极，手指捏住基极和假设的集电极（注意基极与集电极之间不能短路），测量集电极与发射极之间的电阻值（NPN 型三极管，黑表笔接假设的集电极；PNP 型三极管，红表笔接假设的集电极）；再假设另一个电极为集电极，按上述方法再次测量集电极与发射极之间的电阻值。测得电阻值较小的那次假设是正确的。这种方法适用于所有外形的三极管，根据表针的偏转角度，凭经验还可估计出三极管的放大能力。

② 对于带有 h_{FE} 测量插孔的万用表，可将三极管插到插孔中（基极要对准），测一次 h_{FE}；然后将三极管未确定的两引脚颠倒一下位置，再测量一次，测得的 h_{FE} 较大的一次，各引脚插入的位置是正确的。

③ 将指针式万用表置于×1kΩ挡，用两表笔接假设的集电极和发射极，表针指向无穷大处。此时对于 PNP 型三极管，用手指同时捏住基极与红表笔搭接的引脚，如果指针向右方向偏转，就表明红表笔接的是集电极，黑表笔接的是发射极。假如表针基本保持原状或者偏转角度很小，可将红、黑表笔对调进行重新测试。若两次测量指针均不动，则表示该管已失去放大作用。对于 NPN 型三极管，用上述方法测试时，手指应同时捏住基极与黑表笔搭接的一侧，如果指针右偏，就表明黑表笔接的是集电极，红表笔接的是发射极。测试方法如图 3-29（a）所示。

图 3-29（b）所示为测试电路的等效电路。由于用潮湿的手指间电阻代替基极偏置电阻 R_B，并给被测管发射极加上反向电压，给集电极加上正向电压，三极管便进入放大状态，产生的集电极电流 I_C 会使表针向右偏转；否则，管子无法正常工作，表针保持基本不动。

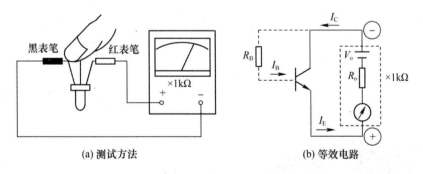

图 3-29　判断三极管的集电极和发射极

4．9000 系列三极管

近年来，在很多电子产品制作中都采用了价格便宜、性能较好的 9000 系列塑料封装三极管。很多公司都生产 9000 系列塑料封装三极管，但是前冠字母不同，如 TEC9012 是日本东芝公司生产的，SS9012 则是韩国三星公司生产的，国内生产的产品前冠字母也都不同。

以前常用的 3DG6、3DG12、3CG2 等都可以用性能更优的 9000 系列三极管代替。表 3-8 列出了 9000 系列三极管的主要特性。

表 3-8　9000 系列三极管的主要特性

型号	管型	集电极最大允许电流 I_{CM}/mA	集电极最大耗散功率 P_{CM}/mW	集电极-发射极击穿电压 $U_{(BR)CEO}$/V	特征频率 f_T/MHz	用途	可替换型号
9011	NPN	30	200	30	100	高放	3DG6 3DG8 3DG201
9012	PNP	500	625	30	300	功放	3CG2 3CG23
9013	NPN	500	625	30	300	功放	3DG12 3DG130
9014	NPN	100	310	45	200	低放	3DG8
9015	PNP	100	310	45	200	低放	3CG21
9016	NPN	25	200	30	620	超高频	3DG6 3DG8
9018	NPN	50	200	30	800	超高频	3DG80 3DG304 3DG112D

3.6　电声转换器件

电声转换器件包括能够将声音信号转换为电信号的器件（如话筒）和将电信号转换为声音信号的器件（如扬声器）。本节介绍常用的驻极体话筒和电动式扬声器。

3.6.1　驻极体话筒

1. 外形和符号

常用的驻极体话筒如图 3-30 所示，多为圆柱形，其直径有 6mm、9.7mm、10mm、10.5mm、11.5mm、12mm、13mm 等，引脚电极一般分居两端。

驻极体话筒的电路符号如图 3-31 所示，该符号是所有驻极体话筒的通用符号，驻极体话筒的文字符号为 B 或 BM。

驻极体
话筒视频

图 3-30　常用的驻极体话筒

BM

图 3-31　驻极体话筒的电路符号

2．标识方法

驻极体话筒的引脚识别方法很简单，无论是直插式、引线式或焊脚式，其底面一般都为印制电路板。印制电路板有两部分覆铜，与金属外壳相通的覆铜应为"接地端"，另一端则为信号输出端，如图 3-32 所示。

图 3-32　驻极体话筒的引脚识别

3.6.2　电动式扬声器

扬声器俗称喇叭，种类很多，按其换能机理和结构不同划分，有电动（动圈）式、电磁（舌簧）式、压电（晶体或陶瓷）式、静电（电容）式、电离子式和气动式扬声器。

1．外形和符号

常用的电动式扬声器如图 3-33 所示，按照体积和形状不同，可分为微型超薄、微型、小型、中型、大型数种；按照纸盆形状不同，可分为圆形和椭圆形两大类；按照磁性材料形状不同，可分为外磁式和内磁式；按照声波辐射方式不同，可分为直射式（纸盆式）和反射式（号筒式）。

电动式扬声器的电路符号如图 3-34 所示，这是所有扬声器的通用符号，图形符号旁通常标注文字符号 B 或 BL。

图 3-33　常用的电动式扬声器　　　　　　图 3-34　电动式扬声器的电路符号

2．标识方法

常用电动式扬声器的外壳标注如图 3-35 所示，外壳上除标注型号外，通常还标注阻抗和额定功率，有一些甚至不标注型号，只在外壳上标注阻抗和额定功率等主要参数。电动式扬声器的两个接线端通常标注"＋""－"符号，表示音圈的相位极性。

图 3-35　常用电动式扬声器的外壳标注

3.7　集 成 电 路

集成电路（Integrated Circuits，IC）是用半导体工艺或薄、厚膜工艺（或者这些工艺的结合），将电路的有源元件、无源元件及其互连布线一起制作在半导体或绝缘基片上，在结构上形成紧密联系的整体电路。与分立散装电路相比，集成电路大大减小了体积、重量、引出线和焊接点的数目，提高了电路性能和可靠性，同时降低了成本，便于批量生产。从分立元件到集成电路，是半导体电子技术发展的一个飞跃。

3.7.1 集成电路的分类

集成电路可按不同的依据进行分类。

1．按制作工艺的不同分类

可分为半导体集成电路、薄膜集成电路、厚膜集成电路和混合集成电路。其中，最常用的是半导体集成电路，它又可分为双极型半导体集成电路和单极型半导体集成电路。

2．按功能性质的不同分类

可分为数字集成电路、模拟集成电路和微波集成电路。

数字集成电路按开关速度（传输延迟时间）划分，可分为低速、中速、高速和超高速电路。

模拟集成电路是继数字集成电路之后迅速发展的另一类集成电路，分为线性集成电路和非线性集成电路两大类。

微波集成电路工作在 1000MHz 以上的微波频段。

3．按集成规模的不同分类

可分为小规模集成电路（SSI）、中规模集成电路（MSI）、大规模集成电路（LSI）和超大规模集成电路（VLSI）等。

集成规模也可称为集成电路的集成度。在一个半导体片上制作的元件的数量，称为集成度。小规模集成电路的集成度少于 10 个门电路或少于 100 个元件；中规模集成电路的集成度为10～100 个门电路或 100～1000 个元件；大规模集成电路的集成度在 100 个门电路以上或 1000个元件以上；超大规模集成电路的集成度达 10000 个门电路或 100000 个元件以上。

4．按集成逻辑技术的不同分类

可分为 TTL 逻辑（晶体管-晶体管逻辑）集成电路、CMOS 逻辑（互补金属-氧化物-半导体逻辑）集成电路和 ECL 逻辑（发射极耦合逻辑）集成电路等。

TTL 逻辑集成电路：有速度及功耗折中的标准型；有改进型、高速的标准肖特基型；有改进型、高速及低功耗的低功耗肖特基型。所有 TTL 逻辑集成电路的输出、输入电平均是兼容的，有两个常用的系列化产品，即 54 系列（工作环境温度为-55～125℃，电源电压范围为4.5～5.5V）和 74 系列（工作环境温度为 0～75℃，电源电压范围为 4.75～5.25V）。

CMOS 逻辑集成电路：特点是功耗低，工作电源电压范围较宽，速度快（可达 7MHz）。CMOS 逻辑集成电路的 CC4000 系列有两种类型的产品，即陶瓷封装（工作环境温度为-55～125℃，电源电压范围为 3～12V）和塑料封装（工作环境温度为-40～85℃，电源电压范围为3～12V）。

ECL 逻辑集成电路：最大特点是工作速度快，因为 ECL 电路中的数字逻辑电路采用非饱和型，消除了三极管的存储时间，大大加快了工作速度。

3.7.2 集成电路的型号命名

集成电路的型号由 5 部分组成，各部分符号及含义见表 3-9。

表 3-9　集成电路型号的组成

第零部分		第一部分		第二部分	第三部分		第四部分	
用字母表示器件符合国家标准		用字母表示器件的类型		用阿拉伯数字和字母表示器件系列品种	用字母表示器件的工作温度		用字母表示器件的封装	
符号	含义	符号	含义	含义	符号	含义	符号	含义
C	符合国家标准	T	TTL 电路	TTL 分为:	C⑤	0～70℃	F	多层陶瓷扁平封装
		H	HTL 电路	54/74×××①	G	−25～70℃	B	塑料扁平封装
		E	ECL 电路	54/74H×××②	L	−25～85℃	H	黑瓷扁平封装
		C	CMOS 电路	54/74L×××③	E	−40～85℃	D	多层陶瓷双列直插封装
		M	存储器	54/74S×××	R	−55～85℃	I	黑瓷双列直插封装
		μ	微型计算机	54/74LS×××④	M⑥	−55～125℃	P	黑瓷双列直插封装
		F	线性放大器	54/74AS×××			S	塑料单列直插封装
		W	稳压器	54/74ALS×××			T	金属圆壳封装
		D	音响、电视电路	54/74F×××			K	金属菱形封装
		B	非线性电路	CMOS 分为:			C	陶瓷芯片载体封装
		J	接口电路	4000 系列			E	塑料芯片载体封装
		AD	A/D 转换器	54/74HC×××			G	网格阵列封装
		DA	D/A 转换器	54/74HCT×××				
		SC	通信专用电路					
		SS	敏感电路					
		SW	钟表电路					
		SJ	机电仪表电路					
		SF	复印机电路					

注：①74—国际通用 74 系列（民用）；54—国际通用 54 系列（军用）；②H—高速；③L—低速；④LS—低功耗；⑤C—只出现在 74 系列；⑥M—只出现在 54 系列。

示例：

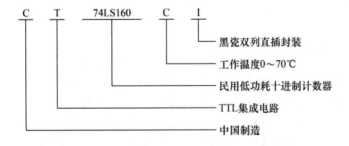

3.7.3　集成电路的特点

① 体积小、重量轻。目前集成电路的尺寸较 1950 年已经缩小了几万分之一。二三十年前，一块 6.45mm² 的硅片只能容纳 10 个三极管及一些电阻和二极管。现在，在同样大小的硅片上，仅三极管就超过数千个。

② 可靠性高、寿命长。集成电路的可靠性与普通电子管、晶体管相比，提高了几千倍。

③ 速度快、功耗低。电子管电子计算机的运算速度大约每秒几千次到几万次；晶体管电

子计算机的运算速度比电子管电子计算机快得多，每秒可达几十万次；而普通集成电路的运算速度每秒可达几百万次。

在功耗方面，一台电子管六灯收音机所消耗的功率一般为 40～50W；一台晶体管收音机（交流电源供电）所消耗的功率不到 1W；而集成电路的功耗只有几十微瓦。

④ 成本低。如果要达到电子线路的同样功能，分别采用集成电路和分立元件实现，采用集成电路的成本低。

3.7.4　集成电路的引脚识别

使用集成电路前，必须认真识别集成电路的引脚，确认电源端、接地端、输入端、输出端、控制端等，以免因错接而损坏器件。引脚排列的一般规律如下。

圆形集成电路：识别时，面向引脚正视，从定位销开始按顺时针方向依次为 1，2，3，4，…，如图 3-36(a)所示。圆形集成电路多用于模拟集成电路。

扁平形或双列直插型集成电路：识别时，将符号标记正放（一般集成电路上有一圆点或缺口，将圆点或缺口置于左侧），由顶部俯视，从左下脚起，按逆时针方向依次为 1，2，3，4，…，如图 3-36(b)所示。扁平形集成电路多用于数字集成电路，双列直插型集成电路广泛应用于模拟和数字集成电路。

单列直插型集成电路：识别时，面向符号标记一侧引脚正视，一般集成电路一侧有一斜角作为标记，标记正对的引脚为 1，其余按顺时针方向排列，如图 3-36(c)所示。

(a) 圆形　　　　　　　(b) 扁平形或双列直插型　　　　　　　(c) 单列直插型

图 3-36　集成电路的引脚识别

附：电工电子综合实验系统中元器件认知模块 1 和模块 2。

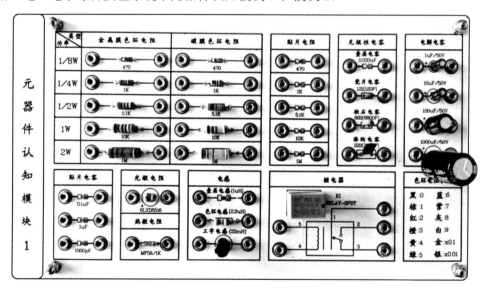

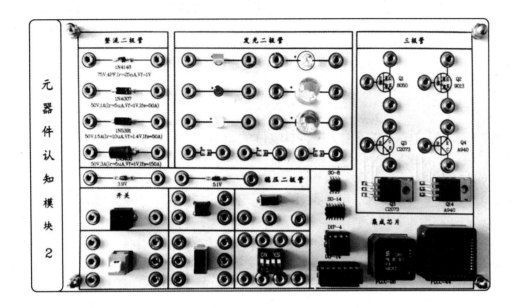

第4章 电路实验

实验1 电压源伏安特性与电路中电位的研究

【实验目的】

（1）掌握数字万用表及电工电子综合实验系统的使用方法；

（2）学会实际电压源伏安特性的测量方法；

（3）通过电位参考点的选取，加深对电位相对性的理解；

（4）通过实验，加深对电位、电压及其相互关系的理解。

【实验器材】

（1）电工电子综合实验系统；

（2）数字万用表。

【实验原理】

1．电源的特性

向电路提供电能的电源有两种类型，即电压源和电流源。理想电压源的输出电压不随外负载的变化而变化，其内阻为零；理想电流源的输出电流不随外负载的变化而变化，其内阻为无穷大。而我们实际用到的都是实际电压源和实际电流源。实际电压源可等效为理想电压源和内阻相串联的形式；实际电流源可等效为理想电流源和内阻相并联的形式。图 4-1 所示为实际电压源模型及其外特性（也称为伏安特性）曲线。

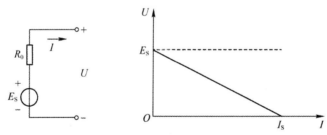

图 4-1　实际电压源模型及其伏安特性曲线

2．电位的概念

（1）电位：电位是电路中某一点与参考点（通常设其电位为零）之间的电压。参考点可以任意选定，但一经选定，各点电位的数值即以该点为准。选择的参考点不同，各点电位的数值也不同，因此电位具有相对性。

（2）电压：电压是电路中某两点间的电位之差，它不随参考点的选择不同而变化。

（3）在直流电路中，电阻两端保持一定的电位差是电流流通的必要条件。若电路中两点的电位差为零，则用导线连接两点时，导线中无电流通过，也不会改变电路中各处的电位分布。

（4）电位的升降规律。

① 电阻：顺电流方向电位降；逆电流方向电位升；无电流通过电阻时，电阻两端同电位。

② 电压源上：顺电势方向电位升；逆电势方向电位降。

③ 导线上（无电阻）：无论有无电流，均无电位的升降。

电路中任意一点到电位参考点之间的电压等于该点的电位，因而在实验中，电路各点的电位可以用数字电压表测定。其方法是：将电压表的"－"端与电位参考点相接，"＋"端接于被测点，则电压表的读数即为被测点电位。若电压表的显示值为正，则表明被测点电位为正；反之为负电位。

【实验内容与步骤】

1. 实际电压源伏安特性测量

按图 4-2 连接电路，稳压电源与 R_0 组成一实际电压源。稳压电源的电压调至 5V，R_0 为 100Ω。改变负载（电位器）的阻值，可以改变电压源输出电流的大小。改变负载 R_L 的值，使 U_{R_L} 为表 4-1 中所示数值，测出相应的 U_{R_0} 值，利用间接测量法测量电流，即 $I = \dfrac{U_{R_0}}{R_0}$，结果记录在表 4-1 中，画出伏安特性曲线。

表 4-1

U_{R_L} /V	4.5	4	3.5	3	2.5	2	1.5	1
U_{R_0}								
$I = \dfrac{U_{R_0}}{R_0}$								

2. 电路中电位的研究

按图 4-3 连接电路。调整好两组电源，连接时注意极性。

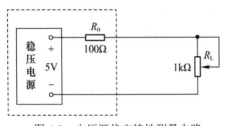

图 4-2　电压源伏安特性测量电路

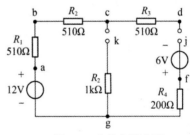

图 4-3　电位实验电路

（1）将图中 d、j 两点短接，c、k 两点断开。

① 以 g 为参考点，计算电路中 a、b、c、d、f、k 点的电位，并用电压表测量上述各点电位，记录于表 4-2 中。

② 以 c 为参考点，计算电路中 a、b、d、f、g、k 点的电位，并用电压表测量上述各点电位，记录于表 4-3 中。

③ 总结上述实验结果，得出电位的定义和特性的结论。

（2）利用上述电位测量结果计算电压 U_{ab}、U_{bc}、U_{cd}、U_{fg}、U_{gk}，然后用数字万用表测量，结果填入表 4-4 中。

表 4-2

g 为参考点	V_a	V_b	V_c	V_d	V_f	V_k
各点电位计算值						
各点电位测量值						

表 4-3

c 为参考点	V_a	V_b	V_d	V_f	V_g	V_k
各点电位计算值						
各点电位测量值						

表 4-4

两点间电压	U_{ab}	U_{bc}	U_{cd}	U_{fg}	U_{gk}
电压计算值					
电压测量值					

【要求与注意事项】

（1）连接电路时，电源极性不能接错。

（2）注意测量仪表的极性及量程。

（3）连接电路时，布局要合理。

【思考题】

（1）若将图 4-2 电路中的 R_0 换成 200Ω，电压源伏安特性曲线如何变化？用曲线说明。

（2）若将图 4-3 电路中的 c、k 两点短接，d、j 两点断开，则 d、j 两点间的电压是多少？计算出数值，并用电压表测量验证。

实验 2 线性网络定理验证

【实验目的】

（1）掌握线性含源二端网络等效参数的测量方法；

（2）加深对叠加定理、比例定理、戴维南定理和最大功率传输定理的理解；

（3）进一步熟悉数字万用表和电工电子综合实验系统的使用方法。

【实验器材】

（1）电工电子综合实验系统；

（2）数字万用表。

【实验原理】

（1）叠加定理：在线性电路中有几个独立电源共同作用时，任一支路的电流或电压，都可以看成各个独立源单独作用时在该支路上所产生的电流或电压的代数和。线性电路的这一特性称为叠加性。

（2）比例定理：在线性电路中，当某一独立源发生变化时，在各个元件上所产生的电压或电流也随之成正比例变化。线性电路的这一特性称为比例性。凡同时具有叠加性和比例性的网络，称为线性网络。

（3）戴维南定理：任何一个线性含源二端网络（或称单口网络），对外电路来说，可用一理想电压源与内阻串联的电压源来等效替代，该理想电压源的电压等于该网络的开路电压，其内阻等于线性含源二端网络的除源电阻。

（4）最大功率传输定理：一个线性含源二端网络，当外接负载等于其等效内阻时，负载获得最大功率。

【实验内容与步骤】

1. 叠加定理

（1）按图 4-4 连接电路。分别测出：E_1、E_2 同时作用时的 U_{R_L}；E_1 单独作用时的 U'_{R_L}；E_2 单独作用时的 U''_{R_L}。验证叠加定理，得出结论。

注：当 E_2 单独作用时，U_{R_L} 实际方向为上负下正，应注意电压表的极性。

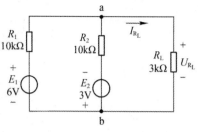

图 4-4　叠加定理实验电路

（2）将 E_2 改为上正下负，数值不变，重复步骤 1，并得出结论。

（3）将 E_2 极性恢复，按表 4-5 改变 R_L 的值，记下对应的 U_{R_L}。

表 4-5

R_L/kΩ	1	1.5	3	3.9	5.1	10
图 4-4 电路的 U_{R_L}						
图 4-5 电路的 U_{R_L}						

2. 戴维南定理

（1）移去图 4-4 中的 R_L，测出 $U_{ab\text{开}}$。

（2）移去 R_L 及 E_1、E_2（移去 E_1、E_2 时，应将其原来的位置用短路线连接），测出 a、b 端的入端电阻 R_{ab}。

（3）用电阻箱（或与内阻相同的电阻）和稳压电源构成戴维南等效电路，如图 4-5 所示，按表 4-5 中要求测量 U_{R_L}，比较结果并得出结论。

3. 最大功率传输定理

（1）按图 4-6 连接电路。

（2）按表 4-6 改变 R_L 的值，测出 U_{R_L} 和 I_{R_L}。

（3）根据测量结果计算 P_{R_L}，并验证最大功率传输定理。

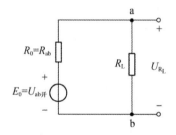
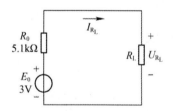

图 4-5　戴维南定理实验电路　　　图 4-6　最大功率传输定理实验电路

表 4-6

R_L/kΩ	1	1.5	3	3.9	5.1	10
U_{R_L} /V						
I_{R_L} /mA						
P_{R_L} /mW						

4. 比例定理

（1）按图 4-7 连接电路。

（2）按表 4-7 中要求改变 E_S，将相应的 I_1、I_2、I_3 填入表 4-7 中。

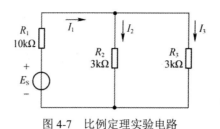

图 4-7　比例定理实验电路

表 4-7

E_S/V	2	4	6	8
I_1/mA				
I_2/mA				
I_3/mA				

【要求与注意事项】

（1）书写实验报告，要简明扼要、图表规范。

（2）电源勿要短路，做到先连电路后接电源。

（3）使用数字万用表时，先根据被测量，调整表笔插孔位置，然后测量，量程要先大后小，否则容易损坏仪表。

【思考题】

叠加定理实验时有 $U_{R_L} = U'_{R_L} + U''_{R_L}$，是否有 $P_{R_L} = P'_{R_L} + P''_{R_L}$？为什么？

实验 3　单一元件的正弦交流电路

【实验目的】

（1）验证单一元件正弦交流电路中电压与电流的相位关系；

（2）熟悉电压、电流有效值与阻抗的关系；

（3）熟练掌握函数信号发生器、示波器和毫伏表的使用方法。

【实验器材】

（1）函数信号发生器；

（2）示波器；

（3）毫伏表；

（4）电工电子综合实验系统。

【实验原理】

在正弦交流电路中，纯电阻、纯电容和纯电感上的电压与电流是同频率的，并且电压与电流的振幅（或有效值）之间都有类似于欧姆定律的关系。不同的是，纯电阻的电压与电流同相位，纯电容的电压落后电流π/2，纯电感的电压超前电流π/2。

下面以纯电感正弦交流电路为例，分析其电压与电流的关系，电路如图 4-8 所示。

若通过电感的正弦电流为

$$i_L = I_{mL} \sin(\omega t + \varphi_i)$$

则电感电压为

$$u_L = L\frac{di_L}{dt} = L\frac{d}{dt}[I_{mL} \sin(\omega t + \varphi_i)] = \omega L I_{mL} \cos(\omega t + \varphi_i) = \omega L I_{mL} \sin\left(\omega t + \varphi_i + \frac{\pi}{2}\right)$$

由此可见，u_L 与 i_L 是同频率的正弦量；u_L 超前 $i_L\pi/2$；电压与电流的振幅（或有效值）之间有类似于欧姆定律的关系，即 $U_{mL}=\omega LI_{mL}$ 或 $U_L=\omega LI_L$。由此可得

$$\frac{U_{mL}}{I_{mL}}=\frac{U_L}{I_L}=\omega L=X_L=2\pi fL$$

其中，X_L 为电感的感抗，其大小与频率成正比。

纯电感电路 u_L 和 i_L 的波形如图4-9所示，u_L 的初相位为 φ_u，i_L 的初相位为 φ_i，它们的初相位之差等于 $\pi/2$，且 u_L 超前 i_L。

可以用同样的方法，分析出纯电阻、纯电容电路电压与电流的关系。

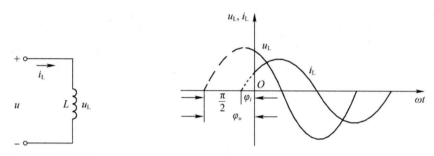

图4-8 纯电感电路　　　　　图4-9 纯电感电路的电压与电流波形

【实验内容与步骤】

按图4-10连接电路。

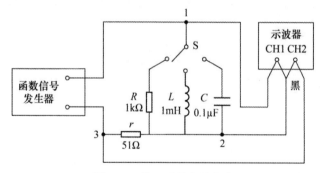

图4-10 单一元件实验电路

1. 观察相位关系

（1）电阻负载上电压与电流的相位差

如图4-10所示电路，将开关 S 接到电阻 R 上，电阻 r 为取样电阻，取出 r 上的电压信号用以观察电流信号的相位（因为电阻两端的电压与电流相位相同）。将示波器的输入 CH1 接于1、2点上，取出电阻 R 上的电压波形，观察其相位；将输入 CH2 接于2、3点上，取出电阻 r 上的电流波形，观察其相位。注意：2点为公共地，接示波器的黑夹子。函数将信号发生器的频率置于1kHz，有效值为2V，接通电源，调整示波器上的有关旋钮，使荧光屏上出现两个波形。由于示波器的两路输入信号在连接时，其地线（黑夹子）接在两个元件的中间位置，在连接上使两路信号的相位相反，因此应调整 CH1 或 CH2，使其一路波形反相。然后调整两个波形的位置，使其在同一横坐标上，比较两波形的相位差，把观测到的波形如实画出来，得出结论。

（2）电容负载上电压与电流的相位差

如图4-10所示电路，将开关 S 接到电容 C 上，其他接线不变，函数信号发生器的频率置

于 1kHz，有效值为 2V。调整方法同观察电阻一样，比较两波形的相位差，把观测到的波形如实画出来，得出结论。

（3）电感负载上电压与电流的相位差

如图 4-10 所示电路，将开关 S 接到电感 L 上，其他接线不变，函数信号发生器的频率为 5kHz，有效值为 2V。调整方法同观察电阻一样，比较两波形的相位差，把观测到的波形如实画出来，得出结论。

以上在观察相位关系过程中，频率的改变是为了改变电抗，使取样电阻 r 只占总阻抗的很小一部分，使观测结果更接近单一元件的情形。

2．验证阻抗与电流、电压有效值的关系

（1）感抗与电流、电压有效值的关系

如图 4-10 所示电路，将开关 S 接到电感 L 上，$f=5$kHz，有效值为 2V，用示波器测量出电感两端电压 U_L（由 CH1 输入端测量），再测量出 r 两端电压 U_r（由 CH2 输入端测量），求出电流 $I_L = \dfrac{U_r}{r}$。

验证：
$$\frac{U_L}{I_L} = X_L = 2\pi f L$$

（2）容抗与电流、电压有效值的关系

如图 4-10 所示电路，将开关 S 接到电容 C 上，$f=1$kHz，有效值为 2V，测出电容两端电压 U_C（由 CH1 输入端测量），再测量 r 两端电压 U_r（由 CH2 输入端测量），求出电流 $I_C = \dfrac{U_r}{r}$。

验证：
$$\frac{U_C}{I_C} = X_C = \frac{1}{2\pi f C}$$

（3）电阻与电流、电压有效值的关系

方法同上，验证：
$$R = \frac{U_R}{I_R}$$

【要求与注意事项】
（1）示波器荧光屏上的图形不宜过亮。
（2）示波器上各旋钮和开关转到一定位置后，不可强行扭动，以免损坏。
（3）所有波形均应完整地显示在荧光屏内。

【思考题】
实验中，电感负载和电容负载上的电压与电流的相位差是否为π/2？为什么？

实验 4 RC 电路的频率特性

【实验目的】
（1）掌握测量 RC 电路频率特性的方法；
（2）进一步掌握示波器、函数信号发生器的使用方法。

【实验器材】
（1）函数信号发生器；
（2）示波器；

（3）毫伏表；

（4）电工电子综合实验系统。

【实验原理】

在含有电阻和电容的正弦交流电路中，由于电容的容抗 $X_C = \dfrac{1}{2\pi f C}$ 与电源的频率有关，故当输入端外加电压保持幅值不变而频率变化时，其容抗将随频率的变化而变化，从而使整个电路的阻抗发生变化，电路中的电流及在电阻和电容上的电压也会随频率而改变。我们将 RC 电路中的电流及各部分电压与频率的关系称为 RC 电路的频率特性。

一般称输出电压 $\dot{U}_o$ 与输入电压 $\dot{U}_i$ 的比值为电路的传递函数，用 $T(\mathrm{j}\omega)$ 来表示，即

$$T(\mathrm{j}\omega) = \frac{\dot{U}_o}{\dot{U}_i} = \frac{U_o}{U_i}(\omega)\angle\varphi(\omega)$$

用 $T(\omega)$ 表示式中的 $\dfrac{U_o}{U_i}(\omega)$，是指输出电压和输入电压有效值之比，称为电路的幅频特性；$\varphi(\omega)$ 称为电路的相频特性。两者统称为电路的频率特性。

下面讨论几种 RC 电路的幅频特性。

1. 高通滤波电路

如图 4-11 所示，它是由 R、C 串联组成的电路，其输出电压取自电阻两端，即

$$\dot{U}_o = \dot{U}_R = \frac{R}{R + \dfrac{1}{\mathrm{j}\omega C}} \cdot \dot{U}_i = \frac{\mathrm{j}\omega RC}{1 + \mathrm{j}\omega RC} \cdot \dot{U}_i$$

则其传递函数为

$$T(\mathrm{j}\omega) = \frac{\mathrm{j}\omega RC}{1 + \mathrm{j}\omega RC} = \frac{\omega RC}{\sqrt{1 + (\omega RC)^2}}\left[\frac{\pi}{2} - \arctan(\omega RC)\right]$$

幅频特性为 $T(\omega) = \dfrac{U_o}{U_i} = \dfrac{\omega RC}{\sqrt{1 + (\omega RC)^2}}$，或写成 $T(f) = \dfrac{2\pi f RC}{\sqrt{1 + (2\pi f RC)^2}}$，曲线如图 4-12 所示。

其中，$f_0 = \dfrac{1}{2\pi RC}$，称为截止频率。相频特性为 $\varphi(\omega) = \dfrac{\pi}{2} - \arctan(\omega RC)$。

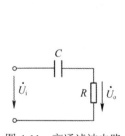

图 4-11　高通滤波电路

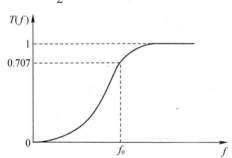

图 4-12　高通滤波电路的幅频特性曲线

由图 4-12 可以看出：当 $f > f_0$ 时，$T(f)$ 变化不大，接近于 1，即 U_o 接近 U_i；当 $f < f_0$ 时，$T(f)$ 显著下降。因此这种电路具有抑制低频信号而易通过高频信号的特点，故称为高通滤波电路。

通常此电路应用在交流放大电路中，作为 RC 阻容耦合电路，用来传递交流信号。

2．低通滤波电路

如图 4-13 所示，它也是由 R、C 串联组成的，其输出电压取自电容两端，故

$$\dot{U}_\mathrm{o} = \dot{U}_\mathrm{C} = \frac{\dfrac{1}{\mathrm{j}\omega C}}{R + \dfrac{1}{\mathrm{j}\omega C}} \cdot \dot{U}_\mathrm{i} = \frac{1}{1 + \mathrm{j}\omega RC} \cdot \dot{U}_\mathrm{i}$$

其传递函数为

$$T(\mathrm{j}\omega) = \frac{\dot{U}_\mathrm{o}}{\dot{U}_\mathrm{i}} = \frac{1}{1 + \mathrm{j}\omega RC} = \frac{1}{\sqrt{1 + (\omega RC)^2}} \angle -\arctan(\omega RC)$$

幅频特性为 $T(\omega) = \dfrac{1}{\sqrt{1 + (\omega RC)^2}}$ ，或写成 $T(f) = \dfrac{1}{\sqrt{1 + (2\pi fRC)^2}}$ ，相频特性为 $\varphi(\omega) =$

$-\arctan(\omega RC)$。由此可作出幅频特性曲线，如图 4-14 所示。其中， $f_0 = \dfrac{1}{2\pi RC}$ ，称为截止

频率。

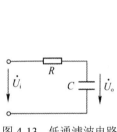

图 4-13　低通滤波电路

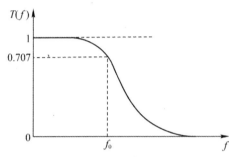

图 4-14　低通滤波电路的幅频特性曲线

由图 4-14 可以看出：当 $f > f_0$ 时， $T(f)$ 明显下降；当 $f < f_0$ 时， $T(f)$ 接近于 1。因此这种电路有抑制高频信号而易通过低频信号的特点。

在高通滤波电路和低通滤波电路中，其 f_0 均为 $f_0 = \dfrac{1}{2\pi RC}$ ，对应的 $T(f_0)$ 为

$$T(f_0) = \frac{1}{\sqrt{2}} \approx 0.707$$

为了不使输出电压幅值下降太多，特规定 f_0 为界限频率，也称为截止频率。

低通滤波电路通常应用在各种滤波电路中，用来抑制高频干扰信号。

3．RC 串并联选频电路

如图 4-15(a)所示。取 $R_1 = R_2 = R$，$C_1 = C_2 = C$，则

$$T(\mathrm{j}\omega) = \frac{\dot{U}_\mathrm{o}}{\dot{U}_\mathrm{i}} = \frac{1}{3 + \mathrm{j}\left(\omega RC - \dfrac{1}{\omega RC}\right)}$$

其幅频特性为

$$T(\omega) = \frac{1}{\sqrt{3^2 + \left(\omega RC - \dfrac{1}{\omega RC}\right)^2}} \qquad \text{或} \qquad T(f) = \frac{1}{\sqrt{3^2 + \left(2\pi fRC - \dfrac{1}{2\pi fRC}\right)^2}}$$

当 $f_0 = \dfrac{1}{2\omega RC}$ 时，$T(f_0) = \dfrac{1}{3}$，而 $\varphi(f_0)=0$，即在 f_0 处，输出电压 $\dot{U}_o$ 与输入电压 $\dot{U}_i$ 同相位，

且 $\dot{U}_o$ 达到最大值，为 $\dfrac{1}{3}\dot{U}_i$，因此这种电路具有选频特性，其幅频特性曲线如图 4-15(b) 所示，

f_0 为截止频率。

RC 串并联选频电路多用于 RC 振荡电路及函数信号发生器中。

4．RC 串并联分压补偿电路

如图 4-16 所示，取 $\dfrac{R_2}{R_1 + R_2} = \dfrac{C_1}{C_1 + C_2}$，则 $\dfrac{\dot{U}_o}{\dot{U}_i} = \dfrac{R_2}{R_1 + R_2} = \dfrac{C_1}{C_1 + C_2}$，即输出电压 $\dot{U}_o$ 与 $\dot{U}_i$ 同

相位，而与频率无关。当 $\dot{U}_i$ 不变时，输出电压 $\dot{U}_o$ 的有效值只取决于 $\dfrac{R_2}{R_1 + R_2}$ 或 $\dfrac{C_1}{C_1 + C_2}$ 的比值。

图 4-16 所示电路常用于示波器及毫伏表的输入衰减电路中。

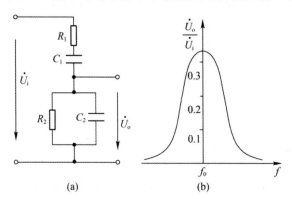
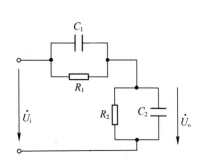

图 4-15　RC 串并联选频电路及其幅频特性曲线　　　图 4-16　RC 串并联分压补偿电路

【实验内容与步骤】

1．高通滤波电路

（1）按图 4-11 连接电路，$R=2k\Omega$，$C=0.1\mu F$，计算 f_0。

（2）函数信号发生器的输出电压保持 1V 不变，按表 4-8 中的要求改变频率，用示波器测出对应的 U_o；用示波器测量 U_i 和 U_o 的相位差 φ。

（3）保持 U_i 为 1V 不变，改变其频率，使 U_o 为 0.707，此时的频率即为测得的 f_0。

（4）根据测量结果画出幅频特性和相频特性曲线。

表 4-8

次序	1	2	3	4	5	6	7	8	9	10
f/Hz	20	60	100	200	500	f_0	1k	2k	5k	10k
U_o/mV										
φ										

2．低通滤波电路

按图 4-13 连接电路，$R=2k\Omega$，$C=0.1\mu F$，步骤同上，结果记录于表 4-9 中。

表 4-9

次序	1	2	3	4	5	6	7	8	9	10
f/Hz	20	60	100	200	500	f_0	1k	2k	5k	10k
U_o/mV										
φ										

3．RC 串并联选频电路

（1）按图 4-15(a)接线，$R_1=R_2=R=200\Omega$，$C_1=C_2=C=2\mu F$，计算 f_0。

（2）函数信号发生器的输出电压保持 1V 不变，按表 4-10 中的要求改变频率，用示波器测出对应的 U_o。

（3）保持 U_i 为 1V 不变，改变其频率，使 U_o 为 $\frac{1}{3}$ V，此时的频率即为测得的 f_0。

（4）根据测量结果画出幅频特性曲线。

表 4-10

次序	1	2	3	4	5	6	7	8	9	10
f/Hz	20	60	100	200	500	f_0	1k	2k	5k	10k
U_o/mV										

4．RC 并串联补偿分压电路

（1）按图 4-16 接线，$R_1=2.2k\Omega$，$C_1=0.1\mu F$，$R_2=1k\Omega$，$C_2=0.22\mu F$。

（2）函数信号发生器的输出电压保持 1V 不变，按表 4-11 中的要求改变频率，用毫伏表测出对应的 U_o。

表 4-11

次序	1	2	3	4	5	6	7	8	9	10
f/Hz	20	60	100	200	500	f_0	1k	2k	5k	10k
U_o/mV										

【要求与注意事项】

（1）电路连接要准确。

（2）测量相频特性时，读数要仔细。

（3）函数信号发生器的输出电压要始终保持 1V 不变。

【思考题】

低通滤波器和高通滤波器的应用举例。

实验 5　一阶 RC 电路的暂态分析

【实验目的】

（1）观察 RC 电路的暂态过程，加深对暂态过程的理解；

（2）学习用示波器测定 RC 电路暂态过程时间常数的方法；

（3）了解时间常数对微分和积分电路输出波形的影响。

【实验器材】

（1）函数信号发生器；

（2）示波器；

（3）电工电子综合实验系统。

【实验原理】

（1）RC 电路电容的充、放电过程，理论上需持续无穷长的时间，从工程应用角度考虑，可以认为经过$(3\sim5)\tau$ 的时间即已基本结束，其实际持续的时间很短暂，因而称为暂态过程。

暂态过程所需时间取决于 RC 电路的时间常数 τ。

（2）将 RC 电路的电容 C 作为输出端，如图 4-17(a)所示，当 RC 电路的输入端加矩形脉冲电压时，若矩形脉冲电压的脉宽 $t_p=(3\sim5)\tau$，则输出端电容的充、放电电压 u_C 的波形为一般形式的充、放电曲线，如图 4-17(b)所示。

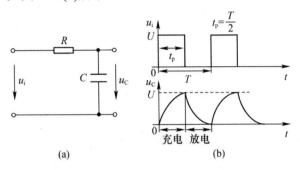

图 4-17　RC 电路及电容充、放电曲线

（3）将 RC 电路的电阻 R 作为输出端，如图 4-18(a)所示，输入端加矩形脉冲电压时，适当选择 RC 电路的参数，使之满足 $\tau \ll t_p$，则输出电压 u_R 近似地与输入电压 u_i 对时间的微分成正比，u_i 与 u_R 的波形如图 4-18(b)所示，故此电路被称为微分电路。

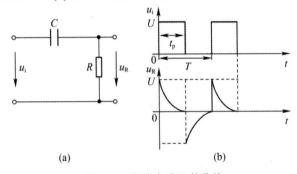

图 4-18　微分电路及其曲线

（4）将 RC 电路的电容 C 作为输出端，如图 4-19(a)所示，输入端加矩形脉冲电压时，适当选择 RC 电路的参数，使之满足 $\tau \gg t_p$，则输出电压 u_C 近似正比于输入电压 u_i 对时间的积分，u_i 与 u_C 的波形如图 4-19(b)所示，故此电路被称为积分电路。

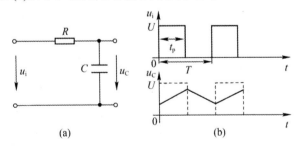

图 4-19　积分电路及其曲线

（5）将图 4-19 所示积分电路的输出改由电阻 R 输出，如图 4-20(a)所示，其余条件不变，即 $\tau \gg t_p$，则输出电压 u_R 与输入电压 u_i 的波形很近似，这时积分电路就转变为放大电路中所采用的级间阻容耦合电路，此时输入与输出波形如图 4-20(b)所示。

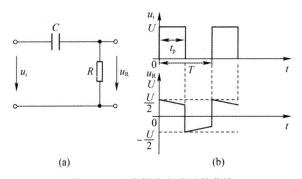

图 4-20　阻容耦合电路及其曲线

【实验内容与步骤】

1．观察 RC 电路充、放电波形并用示波器测定时间常数 τ

（1）按图 4-17(a)连接电路，R=3.9kΩ，C=1μF。

（2）函数信号发生器输出 5V、1kHz 的矩形波作为输入信号 u_i；示波器选择双踪工作方式，分别观测 u_i 和 u_C 的波形。

（3）测定 RC 电路的时间常数 τ。

调节示波器的旋钮，使 u_i 和 u_C 波形稳定，然后保留 u_C 波形，使其处于适当位置。用标尺法测定 τ 值（测定两点间的水平距离），其测定方法如图 4-21 所示。

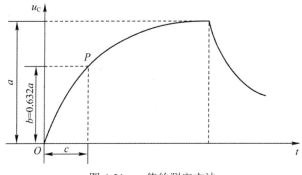

图 4-21　τ 值的测定方法

从荧光屏上测得电容电压的最大值 V_m 对应的格数为 a；t=τ 时，电容电压（P 点）对应的格数为 b=0.632a。此时时间轴对应的格数为 c，则时间常数为"扫描时间开关"指示值与时间轴格数的乘积，即

$$\tau = s \cdot c$$

（4）将荧光屏上测得的 τ 值及电容充、放电波形按比例描绘出来，填入表 4-12。

表 4-12

波形名称	参数		波形图
RC 电路暂态过程电容电压 u_C 的波形	t_p/ms		
	R/kΩ		
	C/μF		
	τ/ms	计算值	
		测量值	

（5）将图 4-17(a)中的 R 换成电位器 R_P，其值为 22kΩ，调节 R_P，观察 τ 值变化时对电容充、放电波形的影响。

2．观察 RC 电路的积分波形

在图 4-19(a)的基础上，取 R=10kΩ 及 C=1μF，使 τ=10t_p，把在荧光屏上观察到的波形按一定比例描绘下来，填入表 4-13。然后将 R 换成 R_P，调节 R_P，观察 τ 值变化时对积分波形的影响。

表 4-13

波形名称	参数		波形图(τ=10t_p)
积分电路 输出电压 u_C 的波形	t_p/ms		
	R/kΩ		
	C/μF		
	τ/ms		

3．观察 RC 电路的微分波形

按图 4-22 接线，取 R=10kΩ，C=0.01μF，使 τ=0.1t_p，并把观察到的 u_R 波形描绘下来，填入表 4-14。

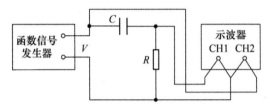

图 4-22　微分实验电路

将 R 换成 R_P，调节 R_P，观察 τ 值变化时对微分波形的影响。

表 4-14

波形名称	参数		波形图(τ=0.1t_p)
微分电路 输出电压 u_R 的波形	t_p/ms		
	R/kΩ		
	C/μF		
	τ/ms		

4．观察 RC 电路的耦合波形

在图 4-22 中，取 R=10kΩ，C=1μF，使 τ=10t_p，并把观察到的输出波形描绘下来，填入表 4-15 中。

表 4-15

波形名称	参数		波形图(τ=10t_p)
阻容耦合电路 输出电压 u_R 的波形	t_p/ms		

【要求与注意事项】

（1）说明用示波器测定时间常数 τ 的方法。将所测数值与理论计算值比较，分析误差原因。

（2）总结时间常数 τ 对 RC 电路暂态过程的影响，并讨论思考题。

（3）在用示波器测量参数时，应仔细，可反复读 2～3 遍，以减小误差。

【思考题】

当矩形脉冲电压以不同的频率输入既定参数的 RC 微分电路或积分电路时，输出电压是否保持微分或积分关系？为什么？

第5章 模拟电路实验

实验 1 单级放大电路

【实验目的】

（1）掌握单级放大电路静态工作点的调整方法；

（2）掌握单级放大电路电压放大倍数 A_u、输入电阻 R_i、输出电阻 R_o 的测试方法；

（3）掌握放大电路幅频特性的测试方法；

（4）了解放大电路最大动态范围的调整测试方法。

【实验器材】

（1）函数信号发生器；

（2）示波器；

（3）数字万用表；

（4）电工电子综合实验系统。

【实验原理】

1. 放大电路的静态工作点

（1）静态工作点的选择

放大电路要想不失真地将信号放大，必须选择合适的静态工作点 Q。要使放大电路产生的非线性失真最小，动态范围最大，Q 点一般选择在放大电路（以实验电路为例）交流负载线的中点，如图 5-1 所示，Q_3 点即为最佳的静态工作点。若 Q 点过高，易引起饱和失真；若 Q 点过低，易引起截止失真。如果希望耗电少，在输出波形不失真的情况下，应尽量使静态工作点低些，如图中 Q_1 点；如果希望放大倍数尽量大，而耗电问题不是主要矛盾，应将静态工作点选得高一些，如图中 Q_2 点。

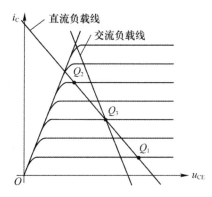

图 5-1 放大电路输出特性曲线

（2）静态工作点的调整

描述静态工作点的参数是 I_{BQ}、I_{CQ}、U_{CEQ} 等。静态工作点的调整，通常是在放大电路的上偏置中设置一个阻值适当的电位器，通过改变电位器的阻值来改变上述参数，以满足放大电路的工作要求。

静态工作点的测量方法有两种。

① 直接测量法：用数字万用表直接测量各参数。

② 间接测量法：测出 R_C 上的电压 U_{R_C}，计算 $I_{CQ} = \dfrac{U_{R_C}}{R_C}$；或测 V_E，计算 $I_{CQ} = \dfrac{V_E}{R_E}$。

静态工作点的测量是在没有交流输入信号的情况下进行的。

2．放大电路的性能指标

在设计一个放大电路时，不仅要考虑选择一个最佳静态工作点，同时应考虑放大电路的主要指标：电压放大倍数 A_u、输入电阻 R_i、输出电阻 R_o、幅频特性 $A_u \sim f$ 等。

（1）电压放大倍数 A_u

放大电路的电压放大倍数是输出电压 u_o 与输入电压 u_i 的比值，即 $A_u = \dfrac{u_o}{u_i}$，在输出电压不失真的条件下测出两个电压，即可求得。放大倍数的测量分为有载和空载两种情况。

（2）输入电阻 R_i

当放大电路的输入端接有信号源时，放大电路总要从其输入端的信号源取电流，从这个意义上说，放大电路相当于信号源的负载，这个负载就是放大电路的输入阻抗。在低频情况下，输入阻抗近似纯电阻，称为输入电阻 R_i。

输入电阻的测试原理如图 5-2 所示，R_S（取样电阻）、u_S、u_i 为已知。显然，有

$$R_i = \frac{u_i}{i_i} = \frac{u_i}{u_S - u_i} \cdot R_S$$

（3）输出电阻 R_o

放大电路在工作时，其输出端要带上一定的负载。对于负载，放大电路相当于一个由电压 E_0 和内阻 R_o 组成的信号源（见图 5-3），R_o 称为放大电路的输出电阻。R_o 越小，放大电路输出的等效电路就越接近于恒压源，带负载能力就越强。

输出电阻的测试原理如图 5-3 所示，在放大电路输入端输入 u_i，分别测出 u_o（空载）和 u_{oL}（有载）的输出电压值，则 $u_{oL} = \dfrac{R_L}{R_o + R_L} \cdot u_o$，$R_o = \left(\dfrac{u_o}{u_{oL}} - 1 \right) R_L$。

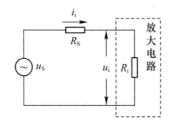　　　　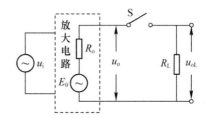

图 5-2　输入电阻的测量原理　　　　图 5-3　输出电阻的测量原理

（4）幅频特性

由于放大电路中有电抗和晶体管极间电容，使得放大电路对不同频率的电压放大倍数不同。放大倍数随频率不同而改变的特性就是放大电路的幅频特性。如图 5-4 所示，在一定的频率范围内，放大电路的电压放大倍数基本上是恒定不变的。在低频端和高频端，A_u 要下降，当下降到 $0.707A_{uo}$ 时，对应的频率分别为上限频率 f_H 和下限频率 f_L。f_H 和 f_L 之差称为放大电路的通频带。

【实验内容与步骤】

（1）按照图 5-5 连接电路，测量并计算表 5-1 中的各物理量，判断三极管的工作状态并填入表 5-1 中。

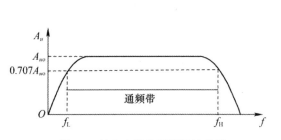

图 5-4 放大电路的幅频特性曲线

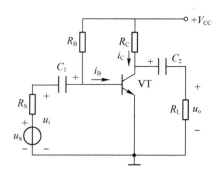

图 5-5 固定偏置单级放大电路

表 5-1

参数设定	测量值		计算值		三极管工作状态
R_B	V_{BQ}	V_{CQ}	U_{BE}	U_{BC}	
300kΩ					
30kΩ					

（2）调节三极管处于放大状态，按照表 5-2 要求进行测量并计算。

表 5-2

测量值		计算值		
U_{R_B}	U_{R_C}	I_B	I_C	$\bar{\beta} = \dfrac{I_C}{I_B}$

（3）调节输入信号 u_i 有效值为 50mV，并加到电路中，按照表 5-3 要求填写表格。

表 5-3

U_i	U_o	u_i 与 u_o 的相位关系	计算电压放大倍数
50mV			

（4）逐渐增大输入信号，观察输出波形，直到输出波形出现失真，调整 R_B 使该失真消失，继续增大输入信号 u_i 到饱和失真与截止失真同时出现，按表 5-4 要求填写并计算。思考：如能正常放大信号，减小基极电阻 R_B，则该失真类型是什么？计算此时是否满足 $I_C = \bar{\beta} I_B$，如不满足，此时两者的大小关系是什么？

表 5-4

测量值				计算值	
R_B	U_{CE}	U_{R_B}	U_{R_C}	I_B	I_C

（5）搭建分压式偏置单级放大电路（见图 5-6）的直流通路，调节 R_P，使 V_{EQ}=2.2V，用数字万用表测量 V_{BQ}、V_{CQ} 的值并填入表 5-5 中。

表 5-5

V_{EQ}	V_{BQ}	V_{CQ}	计算 I_{CQ}
2.2V			

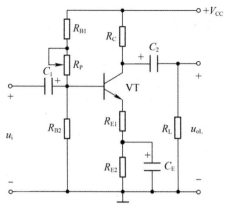

图 5-6 分压式偏置单级放大电路

（6）放大电路动态参数的测量，填入表 5-6 中。

表 5-6

	A_u	R_i	R_o
测量值			
理论值			

（7）保持输入信号 u_i 有效值 50mV 不变，改变频率，逐点测量 U_{oL} 的值并填入表 5-7，计算放大倍数 A_u，并绘出幅频特性曲线。

表 5-7

f/Hz	20	100	300	500	1k	10k	100k	500k	1M
U_{oL}									
A_u									

【要求与注意事项】

（1）应保证电路连接无误后再接通电源，电源电压一定要预先选好后再接入电路中。

（2）在使用信号发生器、示波器和电工电子综合实验系统的过程中，要注意仪器仪表与放大电路的共地问题。防止因仪器外壳上的干扰信号进入放大电路，使输入信号不能被正常放大，导致测量失效。

（3）测量时读数要认真仔细，保证测量的精度。

【思考题】

（1）用单级放大电路做交流放大实验前，为什么要设定并测量单管放大电路的静态工作点？在实验室的条件下，可以用哪些仪器测量单级放大电路的静态工作点？

（2）能否用直流电压表直接测量三极管的 U_{BE}？为什么实验中要采用 V_B、V_E，再间接算出 U_{BE} 的方法？

（3）在图 5-5 放大电路静态工作点的设置过程中，如果发现三极管的静态工作点偏高，应调节哪些参数？怎么调节？如果发现三极管的静态工作点偏低，应调节哪些参数？怎么调节？

（4）在单级放大电路交流放大特性的调节过程中，如果发现输出波形出现了截止失真，应调节哪些参数？怎么调节？此时三极管的 U_{CE} 怎么变化？

（5）改变静态工作点对放大电路的输入电阻 R_i 是否有影响？改变外接电阻 R_L 对输出电阻 R_o 是否有影响？

实验 2 互补对称功率放大电路

【实验目的】

（1）加深理解互补对称功放（功率放大）电路的工作原理；

（2）掌握互补对称功放电路的调试与参数的测量方法；

（3）观察电路参数变化对功放性能的影响。

【实验器材】

（1）电工电子综合实验系统；

（2）函数信号发生器；

（3）示波器；

（4）数字万用表。

【实验原理】

互补对称功放电路可以分为两种：一种是甲乙类双电源互补对称功放电路，又称为无输出电容功放，简称 OCL 电路；另一种是甲乙类单电源互补对称功放电路，又称为无输出变压器功放，简称 OTL 电路。由于互补对称功放电路省去了输入、输出变压器，所以体积、重量减少，静态电磁损耗降低，频带展宽，特别是 OCL 电路可以做成直流功放。互补对称功放电路在音响设备中应用极为广泛，本实验主要研究 OTL 电路的调整与测试，电路如图 5-7 所示。其主要性能指标有：

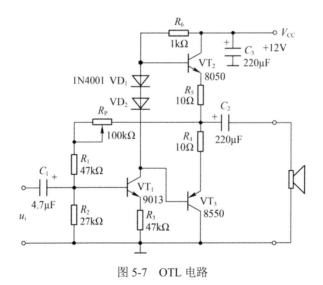

图 5-7 OTL 电路

1. 最大不失真输出功率

放大电路的输出功率通常是指放大电路输出端所接的负载 R_L 获得的功率，记作 P_o，$P_o = I_o \cdot U_o = \dfrac{U_o^2}{R_L}$。

当负载上的电压为最大不失真输出电压时，此时 R_L 获得的功率即为最大不失真功率 P_{oM}，$P_{oM} = \dfrac{U_{oM}^2}{R_L}$。

理想情况下：$P_{oM} = \dfrac{1}{8} \cdot \dfrac{U_{CC}^2}{R_L}$。

2. 效率 η

效率指放大电路负载得到的功率 P_o 与直流电源供给的功率 P_E 的比值，记作 η，$\eta=\dfrac{P_o}{P_E}\cdot100\%$。其中 $P_E=I_C\cdot V_{CC}$（V_{CC}、I_C 分别是电源电压、电源提供的电流）。

3. 交越失真

当互补对称功放电路工作在乙类状态时，由于三极管输入特性的非线性，零偏置将造成互补对称输出对管在信号正负半周交接部位的失真，称为交越失真，如图 5-8 所示。为了克服交越失真，互补对称输出对管应工作在甲乙类状态。电路中用两个二极管串联，利用其 PN 结的正向压降为输出对管提供直流偏置，以克服交越失真。

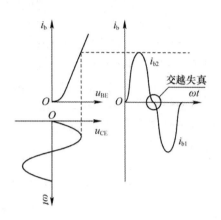

图 5-8 交越失真

【实验内容与步骤】

（1）按图 5-7 连接电路，V_{CC}=+12V。

（2）调整静态工作点。调节电位器 R_P，使中点电位为 $\dfrac{1}{2}V_{CC}$。

（3）测量最大不失真输出功率和效率。输入信号频率为 1kHz、幅度在 100mV 以下。用示波器监测负载 R_L 上的波形。慢慢调节输入信号幅度，在输出电压波形幅度最大而又无失真时，R_L 上的电压值即为 U_{oM}，记录此时的 U_{oM}、U_{iM}、I_C（用数字万用表的直流电流挡测量），计算出 P_{oM}、P_E、η 和电压放大倍数 A_u。

（4）将电源电压由+12V 变为+5V，重复步骤（2）、（3），测量并比较 P_{oM}、P_E、η 和 A_u。

（5）将电源电压改为+12V，用 5.1kΩ 电阻代替 8Ω 的扬声器，重复步骤（2）、（3），测量并比较 P_{oM}、P_E、η 和 A_u。

（6）观察交越失真波形。用一根导线将二极管 VD₁ 和 VD₂ 短接，观察并记录波形。

【要求与注意事项】

（1）电路连接要牢固可靠。

（2）本次实验需要用数字万用表测量电流，在测量时，注意数字万用表在电路中的接法（串联），测量完毕后，应将红表笔放回电压测量插孔内，防止烧断熔断器。

（3）总结互补对称功放电路的特点及测量方法。

【思考题】

在实验电路图 5-7 中，电阻 R_4、R_5 的作用是什么？

实验 3　集成运算放大器的应用

【实验目的】

（1）了解常用集成运算放大器的引脚排列及使用方法；

（2）了解集成运算放大器在使用时应注意的主要问题；

（3）加深对运算放大器原理的理解；

（4）掌握运算放大器线性应用电路的组成及其调测方法。

【实验器材】

（1）电工电子综合实验系统；

（2）数字万用表；

（3）信号发生器；

（4）示波器。

【实验原理】

1. 集成运算放大器简介

集成运算放大器是具有两个输入端和一个输出端的高增益、高输入阻抗的电压放大器。在它的输出端和输入端之间加上反馈网络，可实现各种不同的电路功能。

集成运算放大器的内部电路结构由差动输入级→中间放大级→互补推挽输出级组成。由于采用直接耦合，它存在零点漂移和静态工作点迁移的现象，所以在实际使用前要注意消振和调零。

（1）消振

对无补偿引脚的集成运算放大器，一般采用图 5-9 接法，其采用的是 RC 串联补偿网络，R 取 200Ω 左右，C 取 $1000pF$。对有补偿引脚的集成运算放大器，其补偿网络的接入需查询产品说明书或使用手册。

（2）调零

对有调零引脚的集成运算放大器，一般通过调零引脚将调零电路接入，如图 5-10 所示。如果集成运算放大器作为交流放大器使用，而且对输出直流电压要求不严，或作为直流放大器使用而对失调要求不严，则可以不调零。但作为直流放大器使用时，大多数情况都需要调零，以保证集成运算放大器输入为零时，输出也为零。

方法：输入端先接地，即 $U_i=0$，调节调零电位器 R_{P0}，使输出电压 U_o 为零。

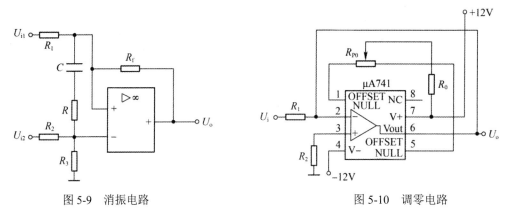

图 5-9 消振电路   图 5-10 调零电路

2. μA741 简介

μA741 是一种具有高开环增益、高输入电压范围、内部频率补偿、高共模抑制比、短路保护、不会出现阻塞且便于失调电压调零等特点的高性能集成运算放大器，是当今最通用的集成运算放大器之一，广泛用于模拟计算、自动控制、仪器仪表、通信及空间电子设备中。μA741 的引脚排列如图 5-11 所示，引脚功能如表 5-8 所示。

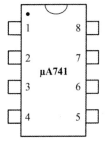

图 5-11 μA741 的引脚排列

表 5-8

1	OFFSET NULL，调零	5	OFFSET NULL，调零
2	IN_，反相输入	6	V_out，输出
3	IN_+，同相输入	7	V_+，正电源
4	V_，负电源	8	NC，悬空

3．理想运算放大器工作在线性区的两条结论

（1）两个输入端之间的差模输入电压为零，称为"虚短"，即 $u_+ - u_- = 0$。

（2）两个输入端的输入电流为零，称为"虚断"，即 $i_+ = i_- = 0$。

利用这两个结论，可以十分方便地分析各种运算放大器的线性应用电路。

【实验内容与步骤】

1．电压跟随器

电压跟随器
视频

如图 5-12 所示，电源电压为 ±12V。

（1）按图 5-12 连接电路。

（2）输出电压与输入电压的关系为：$U_o = U_i$。

（3）输入直流电压信号，调整输入电压的大小、改变负载，逐一进行测试并填表 5-9。

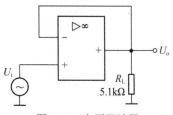

图 5-12　电压跟随器

表 5-9

直流输入电压 U_i/V		-2	-0.5	0	0.5	1
U_o/V	理论值					
	R_L=5.1kΩ					
	R_L=∞					

2．反相比例放大器

如图 5-13 所示。

（1）按图 5-13 连接电路，其输出与输入的关系为

$$U_o = -\frac{R_f}{R_1}U_i$$

（2）给 U_i 加直流电压，分别为表 5-10 中指定值，测出相应的 U_o，并计算 $A_f = \dfrac{U_o}{U_i}$，结果填入表 5-10 中。

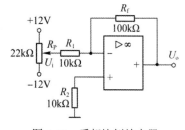

图 5-13　反相比例放大器

表 5-10

U_i/V	-0.8	-0.5	-0.2	0.2	0.5	0.8	2
U_o（理论值）							
U_o（测量值）							
A_f（测算值）							

3．同相比例放大器

如图 5-14 所示。

（1）按图 5-14 连接电路，其输出与输入的关系为

$$U_o = -\frac{R_1 + R_f}{R_1}U_i$$

（2）给 U_i 加直流电压，测出表 5-11 中所指定的各电压 U_o，计算 A_f，结果填入表 5-11 中。

表 5-11

U_i/V	-0.8	-0.5	-0.2	0.2	0.5	0.8
U_o（理论值）						
U_o（测量值）						
A_f（测算值）						

4．反相加法器

如图 5-15 所示。

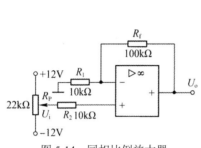

图 5-14　同相比例放大器

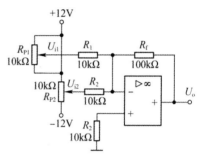

图 5-15　反相加法器

（1）按图 5-15 连接电路，其输出与输入的关系为

$$U_o = -\frac{R_f}{R_1}(U_{i1} + U_{i2})$$

（2）按表 5-12 中指定值进行测量，测出 U_o。

表 5-12

U_{i1}/V	0.3	-0.3	0.3	-0.3
U_{i2}/V	0.2	0.2	-0.2	-0.2
U_o（理论值）				
U_o（测量值）				

5．减法器

如图 5-16 所示。

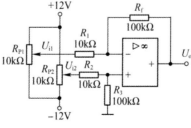

图 5-16　减法器

（1）按图 5-16 连接电路，其输出与输入的关系为

$$U_o = \frac{R_f}{R_1}(U_{i2} - U_{i1})$$

（2）按表 5-13 中指定值进行测量，测出 U_o。

表 5-13

U_{i1}/V	1	0.5	-0.2	0.2
U_{i2}/V	0.5	1	0.2	-0.2
U_o（理论值）				
U_o（测量值）				

6．积分器

如图 5-17 所示。

（1）按图 5-17(a)连接电路，其输出与输入的关系为

$$u_o = -\frac{1}{R_1C}\int_0^t u_i \mathrm{d}t$$

当 u_i 为方波时，则 $u_o = -\frac{u_i}{R_1C}t$ （$R_1C \gg T$），输出电压与时间成线性关系。R_S 称为分流电阻，用来抑制积分漂移。但 R_S 的存在将影响积分器的线性关系，为了改善线性特性，R_S 一般不宜太小，但太大又对抑制积分漂移不利，因而应取适中值。本实验取 $R_S=10R_1$。

（2）输入幅值为 0.5V、频率为 500Hz 的方波，观察并记录 u_i、u_o 的波形。

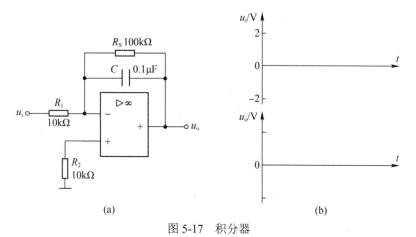

图 5-17　积分器

7．反相比例放大器+过零比较器

如图 5-18 所示。

（1）按照图 5-18(a)连接电路。

（2）输入幅值为 0.5V、频率为 500Hz 的正弦波，观察并记录 u_i、u_o 波形。

【要求与注意事项】

（1）整理实验数据，将计算值和测量值进行比较，分析误差原因。

（2）在调整、测量中必须仔细精确，否则将引起较大的误差。另外，要正确选择仪表的量程和极性，防止损坏仪表。

（3）实验中电路连接要准确，特别是两组电源，不要接错，否则易烧坏运算放大器。

【思考题】

对本次实验的测量数据进行误差分析。

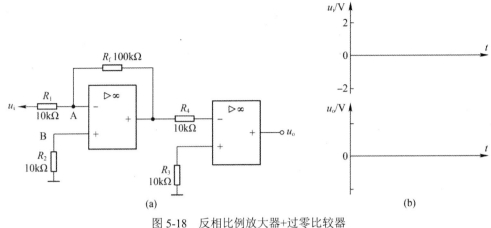

图 5-18　反相比例放大器+过零比较器

实验 4　正弦波振荡器

【实验目的】

（1）研究 LC 正弦波振荡器的特性，理解负载电阻、工作点电流、反馈系数等发生变化对振荡器输出的影响；

（2）熟悉文氏桥振荡器的电路构成，观察 R、C 对振荡频率的影响；

（3）学会振荡频率的测试方法。

【实验器材】

（1）电工电子综合实验系统；

（2）示波器；

（3）数字万用表。

【实验原理】

正弦波振荡器是一个没有输入信号的、带选频网络的正反馈放大电路，其要产生持续振荡必须同时满足两个平衡条件：

一是振幅平衡条件，即 $|AF|=1$；

二是相位平衡条件，即 $\varphi_{A}+\varphi_{F}=2n\pi$，$n=0$，1，2，…。

振荡器的振荡频率 f_0 是由相位平衡条件决定的。一个正弦波振荡器只在一个频率下满足相位平衡条件，这个频率就是 f_0，这就要求在电路中包含一个具有选频特性的网络，简称选频网络。如果选频网络是由 R、C 组成的，称为 RC 振荡器，一般用来产生 1Hz～1MHz 的低频信号；如果是由 L、C 组成的，则称为 LC 振荡器，一般用来产生 1MHz 以上的高频信号。

如果用石英晶体取代 LC 振荡器的 L、C，可组成石英晶体振荡器，它具有极高的频率稳定度，可达 10^{-9} 甚至 10^{-11}。

振荡器要能自行产生振荡，就必须满足 $|AF|>1$ 的条件。这样，在接通电源后，振荡器就有可能自行起振，最后趋于稳态平衡。

1．电容三点式 LC 振荡器

电容三点式 LC 振荡器如图 5-19 所示，其优点是输出波形好，振荡频率比较稳定；缺点是不易起振。只要将三极管的 β 值选得大一些，并适当选取 $\dfrac{C}{C_3}$ 为 0.01～1，就有利于起振。

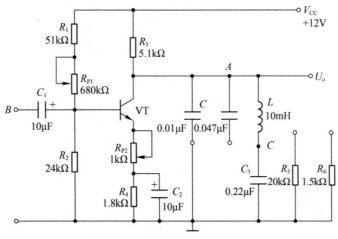

图 5-19　电容三点式 LC 振荡器

振荡频率为

$$f_0 \approx \frac{1}{2\pi\sqrt{LC_\Sigma}}$$

其中 $C_\Sigma \approx \dfrac{CC_3}{C+C_3}$ ，为回路总电容。

2．RC 正弦波振荡器

由集成运算放大器构成的 RC 正弦波振荡器也叫文氏桥振荡器，该振荡器产生的振荡频率范围宽、波形好，是 RC 振荡器中普遍采用的一种形式，如图 5-20 所示。

RC 正弦波振荡器由两部分组成，其一为由集成运算放大器和 R_2、R_{P2} 所组成的电压串联负反馈放大电路；其二为由 R_{P1}、C_1、R_1、C_2 串并联电路组成的选频网络，同时兼作正反馈网络。由图可知，选频网络和 R_2、R_{P2} 正好形成一个四臂电桥，电桥的对角线顶点接到集成运算放大器的两个输入端，桥式振荡器的名称即由此得来。

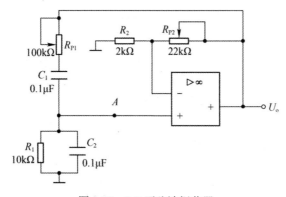

图 5-20　RC 正弦波振荡器

RC 选频网络的幅频特性、相频特性如图 5-21 和图 5-22 所示。显然，当 $\omega = \omega_0 = \dfrac{1}{RC}$ 时，其幅值最大，即 $|F|_{max} = \dfrac{1}{3}$，相位角 $\varphi_F = 0$。为使电路自激，从而产生持续的振荡，就要满足振荡器的起振条件 $|AF| > 1$，即 $A > 3$，从而要求 $1 + \dfrac{R_2}{R_{P2}} > 3$，振荡频率为 $f_0 \approx \dfrac{1}{2\pi RC}$。

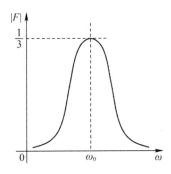

图 5-21 RC 选频网络的幅频特性

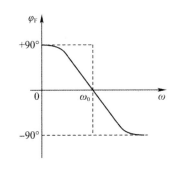

图 5-22 RC 选频网络的相频特性

【实验内容与步骤】

1. 电容三点式 LC 振荡器

（1）按图 5-19 连接电路，电源为+12V。

（2）调整静态工作点：令 $R_{P2}=0$，调节电位器 R_{P1}，使 $U_{CE}=6V$，即 $I_C=1mA$。

（3）测试振荡器的输出电压与频率：

① 接通 B、C 两点，将示波器接在输出端，观察 A 点波形。调节电位器 R_{P2}，使波形刚好不失真，测量输出波形的频率和电压值，填入表 5-14 中。

② 将 C 改为 0.047μF，重复上述步骤，并说明负反馈放大系数 F 不同时，对振荡幅度和频率的影响。

表 5-14

$C/\mu F$	f_0	U_o
0.01		
0.047		

（4）观察负反馈对振荡器输出的影响。

① 在输出波形不失真的情况下，调节电位器 R_{P2}，使 $R_{P2} \to 0$，观察振荡波形的变化。

② 调节电位器 R_{P2}，加大其阻值，观察振荡器是否会停振。

（5）观察负载变化对振荡幅度的影响。

在恢复振荡的情况下，在 A 点分别接入 20kΩ、1.5kΩ 负载电阻，观察输出波形的变化。

（6）观察静态工作点变化对振荡器输出的影响。

恢复原电路，调节电位器 R_{P1}，使 I_C 分别为 0.5mA、0.6mA、0.8mA、1mA、1.2mA，观察并测出振荡幅度。

2. RC 正弦波振荡器

（1）按图 5-20 连接电路，$U_+=+12V$，$U_-=-12V$。注意电阻 $R_{P1}=R_1$，需预先调好再接入电路。

（2）用示波器观察输出波形，若输出波形失真，调整 R_{P2}，使输出不失真，然后测出输出幅度。

（3）测试输出信号频率。

（4）改变参数测频率。先将 R_{P1} 调到 30kΩ，在 R_1 与地端串入一个 20kΩ 电阻，然后重复步骤（2）、（3）。

注意：改变参数前，必须先关断电源开关，检查无误后再接通电源。测频率之前，应适当调节 R_{P2}，使输出 U_o 无明显失真，再测频率。

【要求与注意事项】

电路连接要准确、可靠，否则不易起振。

【思考题】

（1）负反馈对振荡幅度和波形的影响。

（2）分析静态工作点对振荡条件和波形的影响。为什么静态工作点很低时，振荡幅度会减小？

（3）总结负载电阻对输出幅度的影响。

实验 5　焊接小夜灯

【实验目的】

（1）掌握电烙铁的使用方法；

（2）学会根据电路图在面包板上焊接电路；

（3）通过焊接练习培养学生细致认真的态度，体会电子产品的生产过程。

【实验器材】

（1）电烙铁、烙铁架、清洁海绵、焊锡。

（2）其他元器件见表 5-15。

表 5-15　元器件列表

序号	名称	规格型号	计量单位	数量
1	电池+扣	CR2032	套	1
2	电阻	100Ω	个	1
3	电阻	10kΩ	个	1
4	电容	10μF	个	1
5	电容	100μF	个	1
6	三极管	8050	个	1
7	发光二极管	高亮白光	个	1
8	开关	六角自锁/三脚拨动	个	1
9	洞洞板	5cm×7cm	块	1
10	铜柱+螺母	配螺母	套	1
11	排线	0.3mm×2	米	0.1
12	发光二极管	5mm，短脚	个	30
13	面包板	230 孔	个	1
14	面包线		根	10

【实验内容与步骤】

1. 在面包板上搭建电路

在面包板上按电路原理图连接电路，如图 5-23 所示。点亮发光二极管，按动开关，观察实验现象。

2. 焊接电路

利用电烙铁和元器件焊接电路，焊接成功后的作品如图 5-24 所示。

【焊接规范】

1. 电烙铁的拿法

电烙铁的拿法有反握法、正握法和握笔法，握笔法适用于焊接散热量小的被焊件，本实验采用握笔法拿电烙铁，如图 5-25 所示。

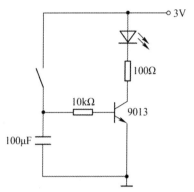

图 5-23 小夜灯电路原理图

图 5-24 小夜灯作品

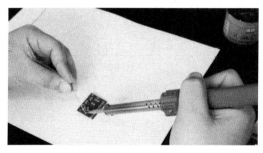

图 5-25 电烙铁的拿法

电烙铁基本
知识视频

2．焊接方法

焊接时，优先焊接低矮的元器件，同类元器件的高度保持一致。焊接时，电解电容要区分极性；发光二极管要分清阳极和阴极；三极管要分清集电极、基极、发射极。芯片安装时，一定要弄清其方向和引脚的排列顺序，不能插错。现在多采用芯片插座，先焊好插座再安装芯片。焊接时，可以采用五步焊接法。

（1）准备施焊。准备好焊锡和电烙铁，保持烙铁头干净。

（2）加热焊盘。用电烙铁先加热焊盘，给焊盘预热，使焊锡易于和焊盘融合。

（3）送入焊锡。让焊锡接触母材，使适量焊锡熔化。

（4）移开焊锡。焊锡的量适宜之后，迅速将焊锡拿开。

（5）移开电烙铁。当焊锡完全润湿焊点后，沿 45° 的方向移开电烙铁，完成焊接，如图 5-26 所示。

3．焊点合格的标准

合格焊点如图 5-27 所示，焊点合格的标准总结为以下 3 点。

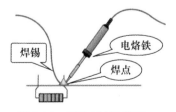

图 5-26 焊接方法示意图

图 5-27 合格焊点

（1）焊点有足够的机械强度：保证被焊件在受到振动或冲击时不至脱落、松动。

（2）焊点表面整齐、美观：焊点的外观应光滑、圆润、清洁、均匀、对称、整齐、美观，充满整个焊盘并与焊盘大小比例合适。

（3）焊接可靠，保证导电性能：防止出现虚焊。

4. 焊接技巧

初学者可以先在纸上做好初步的布局，然后用铅笔画到洞洞板正面（元器件面），继而将走线也规划出来，以方便自己焊接。走线尽量做到水平和竖直，可以用导线走线，如图 5-28 所示，也可以用焊锡走线，如图 5-29 所示。

图 5-28　导线走线图

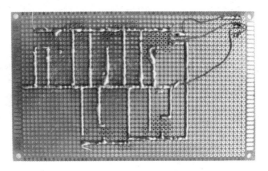
图 5-29　焊锡走线图

焊接技巧如下：

（1）初步确定电源、地线的布局。电源贯穿电路始终，合理的电源布局对简化电路起到十分关键的作用。某些洞洞板布置有贯穿整块板子的铜箔，应将其用作电源线和地线；如果无此类铜箔，需要对电源线、地线的布局有一个初步的规划。

（2）善于利用元器件的引脚。洞洞板的焊接需要大量的跨接、跳线等，不要急于剪断元器件多余的引脚，有时直接跨接到周围待连接的元器件引脚上会事半功倍。另外，本着节约材料的目的，可以把剪断的元器件引脚收集起来用作跳线材料。

（3）善于设置跳线。多设置跳线不仅可以简化连线，而且会使电路美观，如图 5-30 所示。

（4）善于利用排针和排座。排针和排座有许多灵活的用法，比如两块板子相连，就可以使用排针和排座，排针和排座既起到了两块板子间的机械连接作用，又起到电气连接的作用，如图 5-31 所示。

图 5-30　设置跳线图

图 5-31　排针和排座用法示意图

5. 焊接时易出现的问题

焊接时容易出现虚焊、锡量过多或者过少、冷焊、空焊、拉尖及短路和断路的现象，示意图如图 5-32 所示。

虚焊：在振动过程中时好时坏。

冷焊：未与焊点熔合或完全熔合。

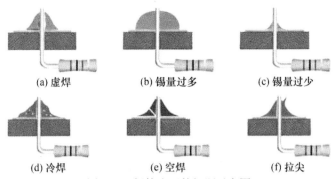

(a) 虚焊   (b) 锡量过多   (c) 锡量过少

(d) 冷焊   (e) 空焊   (f) 拉尖

图 5-32　焊接出现的问题示意图

空焊：焊点未沾到焊锡。

拉尖：焊锡面不光滑，有锥形状。

短路：相邻焊点间有导电物质，如锡丝、锡球等。

断路：一条相通铜膜有断裂或相通的两焊点不通电。

6. 焊接质量的检查

对焊接质量的检查，可以从以下几个方面进行：

（1）是否有错焊、漏焊、虚焊；

（2）有没有连焊、焊点是否有拉尖现象；

（3）焊盘有没有脱落、焊点有没有裂纹；

（4）焊点外形润湿应良好，焊点表面是不是光亮、圆润；

（5）焊点周围有无残留的焊剂；

（6）焊接部位有无热损伤和机械损伤现象。

【要求与注意事项】

（1）电烙铁不要用力压焊点，也不要在焊点上来回涂抹；

（2）焊接时间不宜过长，否则会烫坏元器件；

（3）在焊锡未凝固之前，不要抖动元器件的引脚，否则易造成虚焊；

（4）焊完一个元器件，应用镊子夹住其根部轻轻拉一拉，看是否摇动，以防虚焊；

（5）电烙铁在使用过程中不要敲击，以免损坏；

（6）电烙铁不用时应放置于烙铁架上，长时间不用应断开电源，另外导线不要碰到烙铁头；

（7）清洁海绵加适量水，以按压海绵不溢水为宜；

（8）操作者的头部与烙铁头之间保持 30cm 的距离，以免吸入有害气体。

【拓展任务】

利用多个发光二极管设计彩灯图案，并点亮彩灯，参考作品如图 5-33 所示。

图 5-33　利用多个发光二极管设计的彩灯作品

第6章 数字电路实验

实验1 基本逻辑门电路的功能及测试

【实验目的】
（1）熟悉门电路逻辑功能及其测试方法；
（2）熟练掌握电工电子综合实验系统的使用方法。

【实验器材】
（1）数字万用表、示波器、电工电子综合实验系统。
（2）器件：74LS00，2片；74LS20，1片；74LS86，1片。

【实验原理】
基本逻辑门电路是数字电路的基础，是二进制逻辑运算在数字电路中的执行开关电路。以基本逻辑门电路为基础，可以构成各种触发器，半加器、全加器等逻辑运算电路，各种计数器、寄存器和译码器等数字集成电路。因此，熟记基本逻辑门电路的逻辑功能和表达式，掌握它们的运用方法，是数字电路实验和应用的基本要求。

1. 常见的基本逻辑门电路
常见的几种基本逻辑门电路见表6-1。

表 6-1

名称	逻辑表达式	逻辑符号	逻辑规律(功能)
与非门	$Y=\overline{AB}$	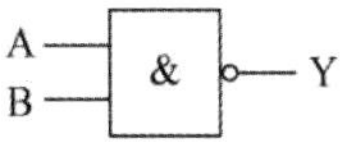 A, B & Y	有0出1 全1出0
或非门	$Y=\overline{A+B}$	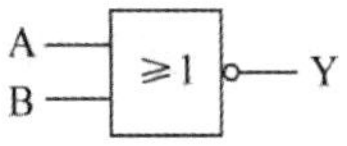 A, B ≥1 Y	有1出0 全0出1
异或	$Y=A\overline{B}+\overline{A}B$ $=A\oplus B$	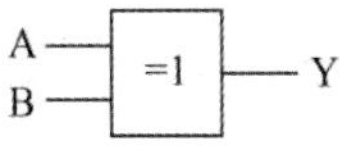 A, B =1 Y	相异出1 相同出0
同或	$Y=AB+\overline{A}\cdot\overline{B}$ $=\overline{A\oplus B}=A\odot B$	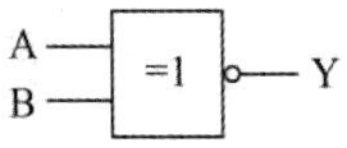 A, B =1 Y	相同出1 相异出0

2. 利用与非门控制输出
与非门任一输入端接低电平，则其余输入端就被封锁，即其余输入端接任意电平，与非门输出端都为高电平。用与非门还可以组成其他电路。

3. 实验用的TTL电路引脚排列
集成电路具有体积小、重量轻、可靠性高、寿命长、功耗低、成本低和使用方便等优点。目前，应用最广的数字集成电路是TTL和CMOS这两类集成电路。我们在实验中用的大多数是TTL电路。

（1）74LS00为四2输入与非门，引脚排列如图6-1所示，它有4个与非门，每个与非门有2个输入端A、B，一个输出端Y，14脚 V_{CC} 接电源+5V，7脚GND为接地端。

（2）74LS20 为二 4 输入与非门，引脚排列如图 6-2 所示，其中 NC 为空脚。

（3）74LS86 为四 2 输入异或门，引脚排列如图 6-3 所示。

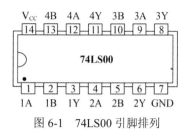
图 6-1　74LS00 引脚排列

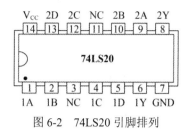
图 6-2　74LS20 引脚排列

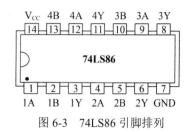
图 6-3　74LS86 引脚排列

【实验内容与步骤】

1．与非门逻辑功能测试

（1）选用一片 74LS20，插入电工电子综合实验系统的 IC 实验扩展模块，按图 6-4 接线，输入端 1、2、4、5 接电工电子综合实验系统的综合仪器单元的逻辑电平按键（黑色按键 K1～K16 中的任意一个），输出端接电工电子综合实验系统的综合仪器单元的 LED 指示灯（四色 LED 指示灯 L1～L16 中的任意一个）。

（2）将逻辑电平按键按表 6-2 置位，分别测输出电压及逻辑状态。

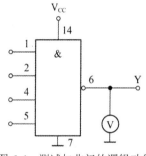
图 6-4　测试与非门的逻辑功能

表 6-2

输入				输出	
1	2	4	5	Y	电压/V
H	H	H	H		
L	H	H	H		
L	L	H	H		
L	L	L	H		
L	L	L	L		

2．异或门逻辑功能测试

（1）选用一片 74LS86，按图 6-5 接线，输入端 1、2、4、5 接逻辑电平按键，输出端 A、B、Y 接 LED 指示灯。

（2）将逻辑电平按键按表 6-3 置位，并将结果填入表中。

表 6-3

输入				输出			
1	2	4	5	A	B	Y	电压/V
L	L	L	L				
L	L	L	H				
L	L	H	H				
L	H	L	L				
L	H	L	H				
L	H	H	H				
H	H	H	H				

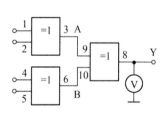
图 6-5　测试异或门的逻辑功能

3．逻辑电路的逻辑关系测试

（1）用 74LS00 按图 6-6、图 6-7 接线，输入、输出逻辑关系分别填入表 6-4、表 6-5 中。

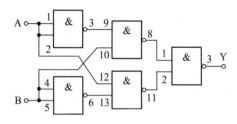

图 6-6　逻辑电路的逻辑关系 1

表 6-4

输入		输出
A	B	Y
L	L	
L	H	
H	L	
H	H	

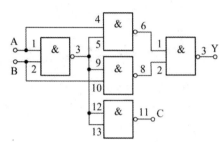

图 6-7　逻辑电路的逻辑关系 2

表 6-5

输入		输出	
A	B	Y	C
L	L		
L	H		
H	L		
H	H		

（2）写出两个电路的逻辑表达式。

4．利用与非门控制输出

用一片 74LS00 按图 6-8 接线。S 接任一逻辑电平按键，用示波器观察 S 对输出脉冲的控制作用。

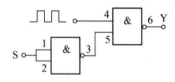

图 6-8　利用与非门控制输出

5．用与非门组成其他电路并测试验证

（1）组成或非门

用一片 74LS00 组成或非门，其逻辑表达式为：$Y = \overline{A + B} = \overline{A} \cdot \overline{B}$，画出电路图，测试并填表 6-6。

（2）组成异或门

① 将异或门表达式转化为与非门表达式。

② 画出逻辑电路图。

③ 测试并填表 6-7。

表 6-6

输入		输出
A	B	Y
0	0	
0	1	
1	0	
1	1	

表 6-7

输入		输出
A	B	Y
0	0	
0	1	
1	0	
1	1	

【要求与注意事项】

（1）集成电路的电源正、负极不能接错。

（2）连接电路时要准确，要严格按仪器要求操作。

【思考题】

（1）怎样判断门电路的逻辑功能是否正常?

（2）异或门又称可控反相门，为什么?

实验 2　组合逻辑电路、触发器

【实验目的】

（1）掌握组合逻辑电路的功能测试方法；

（2）验证半加器和全加器的逻辑功能；

（3）学会二进制数的运算规律；

（4）熟悉并掌握基本 RS、D、JK 触发器的构成、工作原理和功能测试方法。

【实验器材】

（1）数字万用表、示波器、电工电子综合实验系统。

（2）器件：74LS00，3 片；74LS86，1 片；74LS74，1 片；74LS112，1 片。

【实验原理】

1. 逻辑代数

逻辑代数也称为布尔代数，它是分析和设计逻辑电路不可缺少的数学工具。逻辑代数有一系列的定律和规则，用它们对逻辑表达式进行处理，可以完成对电路的化简、变换、分析和设计。逻辑代数的基本定律和恒等式见表 6-8。

表 6-8

基本定律和恒等式	或	与	非
0-1 律	A+0=A	A・0=0	
	A+1=1	A・1=A	
	$A+\overline{A}=1$	$A・\overline{A}=0$	
重合律	A+A=A	A・A=A	$\overline{\overline{A}}=A$
结合律	(A+B)+C=A+(B+C)	(AB)C=A(BC)	
交换律	A+B=B+A	AB=BA	
分配律	A(B+C)=AB+AC	A+BC=(A+B)(A+C)	
反演律	$\overline{A・B・C\cdots}=\overline{A}+\overline{B}+\overline{C}$	$\overline{A+B+C+\cdots}=\overline{ABC}$	
吸收律	A+AB=A		
	A(A+B)=A		
	$A+\overline{A}B=A+B$		
	(A+B)(A+C)=A+BC		
常用恒等式	$AB+\overline{A}C+BC=AB+\overline{A}C$		
	$AB+\overline{A}C+BCD=AB+\overline{A}C$		

2. 组合逻辑电路

在任何时刻，输出的状态只取决于同一时刻各输入状态的组合，而与先前状态无关的逻辑电路称为组合逻辑电路。组合逻辑电路是最常见的逻辑电路，可以用一些常用的门电路来组合成具有其他功能的门电路。通过对组合逻辑电路的分析，可以写出其输入、输出之间的逻辑函数或真值表，从而确定该电路的逻辑功能。

3. 半加器和全加器

半加器和全加器是算术运算电路中的基本单元，它们是完成 1 位二进制数相加的一种组合逻辑电路。若加法运算只考虑两个加数本身，而不考虑由低位来的进位，这种加法运算电路称为半加器。半加器可利用一个集成异或门和两个与非门来实现。

全加器能进行加数、被加数和低位来的进位信号相加，并根据求和结果给出该位的进位信号。常用 A_i 和 B_i 来表示被加数及加数，C_{i-1} 为相邻低位来的进位数，S_i 为本位和数（称为全加和），C_i 为向相邻高位的进位数。

4. 基本 RS 触发器

两个 TTL 与非门首尾相接可构成基本 RS 触发器，如图 6-9 所示，其 $\overline{R}$、$\overline{S}$ 端可利用逻辑电平按键实现置"0"和置"1"。

5. D 触发器

D 触发器采用维持阻塞型 D 触发器，其逻辑符号如图 6-10 所示。图中 $\overline{S}_D$、$\overline{R}_D$ 端为异步置"1"、置"0"端(或称异步置位、复位端)，CP 为时钟脉冲输入端，上升沿有效。

6. JK 触发器

JK 触发器采用负边沿触发，其逻辑符号如图 6-11 所示，CP 下降沿有效。

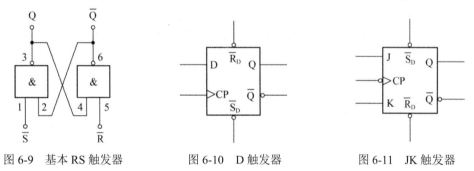

图 6-9　基本 RS 触发器　　　图 6-10　D 触发器　　　图 6-11　JK 触发器

7. 实验用的 TTL 电路引脚排列

（1）74LS74 为双 D 触发器，引脚排列如图 6-12 所示。14 脚 V_{CC} 接电源+5V，7 脚接地。2 脚、12 脚接数据 D 输入；3 脚、8 脚接时钟输入，上升沿有效；1 脚、13 脚($\overline{R}_D$)为置"0"端，低电平有效；4 脚、10 脚($\overline{S}_D$)为置"1"端，低电平有效；5 脚、9 脚为 Q 输出端。特性方程为 $Q^{n+1}=D$。

（2）74LS112 为双 JK 触发器，引脚排列如图 6-13 所示，16 脚 V_{CC} 接电源+5V，8 脚接地；3 脚、11 脚为 J 输入端；2 脚、12 脚为 K 输入端；1 脚、13 脚接时钟输入，下降沿有效；$\overline{R}_D$、$\overline{S}_D$ 作用同 74LS74。特性方程为 $Q^{n+1}=J\overline{Q}^n+\overline{K}Q^n$。

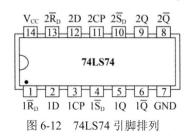

图 6-12　74LS74 引脚排列

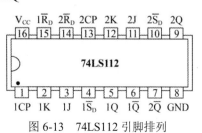

图 6-13　74LS112 引脚排列

【实验内容与步骤】

1. 组合逻辑电路功能测试

（1）用 2 片 74LS00 组成图 6-14 所示的组合逻辑电路。图中 A、B、C 接逻辑电平按键，Y_1、Y_2 接 LED 指示灯。为便于接线和检查，图中注明了芯片编号及各引脚对应的编号。

（2）按图中电路的逻辑关系写出逻辑表达式。

（3）按表 6-9 要求，改变 A、B、C 的状态，测出 Y_1、Y_2 的结果。

（4）将实验值与计算值进行比较。

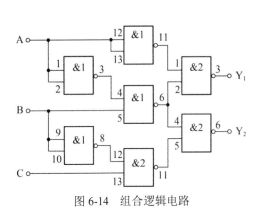

图 6-14　组合逻辑电路

表 6-9

输入			输出	
A	B	C	Y_1	Y_2
0	0	0		
0	0	1		
0	1	0		
0	1	1		
1	0	0		
1	0	1		
1	1	0		
1	1	1		

2. 测试用异或门（74LS86）和与非门组成的半加器的逻辑功能

（1）用异或门和与非门接成如图 6-15 所示的半加器，A、B 接逻辑电平按键，S、C 接 LED 指示灯。

（2）按表 6-10 要求改变 A、B 的状态，测量并填表。

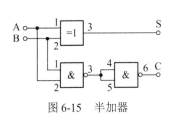

图 6-15　半加器

表 6-10

输入		输出	
A	B	S	C
0	0		
0	1		
1	0		
1	1		

3. 测试全加器的逻辑功能

（1）写出图 6-16 所示电路的逻辑表达式。

（2）按图 6-16 选择与非门进行接线并测试，将测试结果记入表 6-11 中。

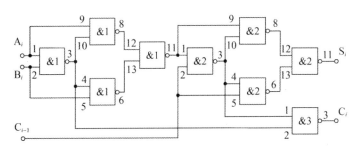

图 6-16　全加器

4．基本 RS 触发器功能测试

测试电路如图 6-9 所示。

（1）试按表 6-12 所给的顺序在 $\overline{S}$、$\overline{R}$ 端加信号，观察并记录触发器的 Q、$\overline{Q}$ 端的状态，将结果填入表 6-12 中，并说明在上述各种输入状态下触发器执行的逻辑功能。

表 6-11

输入			输出	
A_i	B_i	C_{i-1}	S_i	C_i
0	0	0		
0	1	0		
1	0	0		
1	1	0		
0	0	1		
0	1	1		
1	0	1		
1	1	1		

表 6-12

$\overline{S}$	$\overline{R}$	Q	$\overline{Q}$	逻辑功能
0	1			
1	1			
1	0			
1	1			

（2）$\overline{S}$ 端接低电平，$\overline{R}$ 端加脉冲。

（3）$\overline{S}$ 端接高电平，$\overline{R}$ 端加脉冲。

（4）连接 $\overline{S}$、$\overline{R}$，并加脉冲。

观察并记录上述（2）、（3）、（4）这 3 种情况下 Q、$\overline{Q}$ 端的状态，从中总结出基本 RS 触发器的 Q 或 $\overline{Q}$ 端的状态改变和输入端 $\overline{S}$、$\overline{R}$ 之间的关系。

（5）当 $\overline{S}$、$\overline{R}$ 都接低电平时，观察 Q、$\overline{Q}$ 端的状态。当 $\overline{S}$、$\overline{R}$ 同时由低电平跳为高电平时，观察 Q、$\overline{Q}$ 端的状态，按表 6-12 中要求的内容重复 3～5 次，看 Q、$\overline{Q}$ 端的状态是否相同，以正确理解"不定"状态的含义。

5．维持阻塞型 D 触发器功能测试

74LS74 的逻辑符号如图 6-10 所示。

（1）分别在 $\overline{S}_D$、$\overline{R}_D$ 端加低电平，观察并记录 Q、$\overline{Q}$ 端的状态。

（2）令 $\overline{S}_D$、$\overline{R}_D$ 端为高电平，D 端分别接高、低电平，CP 端加单脉冲，观察并记录当 CP 为 0、$\int$、1、$\lrcorner$ 时 Q 端状态的变化。

（3）当 $\overline{S}_D = \overline{R}_D = 1$、CP=0(或 CP=1)时，改变 D 端信号，观察 Q 端的状态是否变化？

整理上述实验数据，将结果填入表 6-13 中。

（4）令 $\overline{S}_D = \overline{R}_D = 1$，将 D 和 $\overline{Q}$ 端相连，CP 端加连续脉冲，用示波器观察并记录 Q 端相对于 CP 的波形。

6．负边沿 JK 触发器功能测试

74LS112 的逻辑符号如图 6-11 所示。自拟实验步骤，测试其功能，并将结果填入表 6-14 中。若令 J=K=1，CP 端加连续脉冲，用示波器观察 Q 端相对于 CP 的波形，与 D 触发器的 D 和 $\overline{Q}$ 端相连时观察到的 Q 端的波形相比较，有何异同点？

【要求与注意事项】

（1）集成电路电源的正、负极不能接错。

（2）电路连接无误后再接通电源。

$\bar{S}_D$ $\bar{R}_D$	CP	D	Q^n	Q^{n+1}
0　1	×	×	0	
			1	
1　0	×	×	0	
			1	
1　1	↑	0	0	
			1	
1　1	↑	1	0	
			1	

表 6-13

$\bar{S}_D$ $\bar{R}_D$	CP	J	K	Q^n	Q^{n+1}
0　1	×	×	×	×	
1　0	×	×	×	×	
1　1	↓	0	0	0	
1　1	↓	1	1	0	
1　1	↓	1	×	0	
1　1	↓	×	0	1	
1　1	↓	×	1	1	

表 6-14

实验 3　时序电路测试

【实验目的】

（1）掌握常用时序电路分析、设计及测试方法；

（2）学会使用 74LS73、74LS175 和 74LS10。

【实验器材】

（1）数字万用表，示波器，电工电子综合实验系统。

（2）器件：74LS73，2 片；74LS175，1 片；74LS10，1 片；74LS00，1 片。

【实验原理】

1．计数器

计数器是数字系统中用得较多的基本逻辑器件，它不仅能记录输入时钟脉冲的个数，还可以实现分频、定时、产生节拍脉冲和脉冲序列，例如计算机中的时序发生器、分频器、指令计数器等都使用计数器。

计数器的种类很多，按时钟脉冲输入方式的不同，可分为同步计数器和异步计数器；按进位体制的不同，可分为二进制计数器和非二进制计数器；按计数过程中数字增减趋势的不同，可分为加计数器、减计数器和可逆计数器。

在异步二进制计数器中，对于加计数器，若用上升沿触发的触发器组成，则应将低位触发器的 $\bar{Q}$ 端与相邻高一位触发器的时钟脉冲输入端相连，即进位信号应从触发器的 $\bar{Q}$ 端引出；若用下降沿触发的触发器组成，则应将低位触发器的 Q 端与相邻高一位触发器的时钟脉冲输入端连接。对于减计数器，各触发器的连接方式则相反。

2．移位寄存器

将寄存器中的各位数据在移位控制信号作用下，依次向高位或向低位移动一位，这种具有移位功能的寄存器称为移位寄存器。有时要求在移位过程中数据不丢失，仍然保持在寄存器中，此时，只要将移位寄存器的最高位的输出端接至最低位的输入端，或将最低位的输出端接至最高位的输入端，即将移位寄存器的首尾相连就可实现上述功能。这种移位寄存器称为循环移位寄存器，它也可以用作计数器，称为环形计数器。

3．实验用的 TTL 电路引脚排列

（1）74LS73 为双 JK 触发器，引脚排列如图 6-17 所示。4 脚 V_{CC} 接电源+5V，11 脚接地；7 脚、14 脚为数据 J 输入端；3 脚、10 脚为数据 K 输入端；1 脚、5 脚接时钟输入，下降沿有

效；2 脚、6 脚为清"0"复位端，低电平有效；9 脚、12 脚为 Q 输出端。

（2）74LS175 为四 D 触发器，引脚排列如图 6-18 所示。它由 4 个 D 触发器构成，属于同步触发。

（3）74LS10 为三 3 输入与非门，引脚排列如图 6-19 所示。它由 3 个三输入端的与非门构成，14 脚 V_{CC} 接电源+5V，7 脚接地；1 脚、2 脚、13 脚接输入，12 脚接输出，满足 $Y=\overline{ABC}$ 的逻辑关系。其余类推。

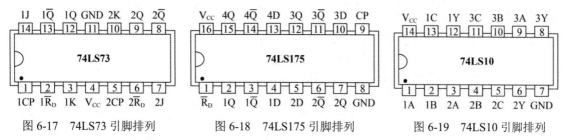

图 6-17　74LS73 引脚排列　　　　图 6-18　74LS175 引脚排列　　　　图 6-19　74LS10 引脚排列

【实验内容与步骤】

1．异步二进制计数器功能测试

（1）按图 6-20 连接电路。

（2）Q_1、Q_2、Q_3、Q_4 分别接 LED，由 CP 端输入单脉冲，测试并记录 $Q_1 \sim Q_4$ 端的状态及波形。

（3）将异步二进制计数器由加法计数改为减法计数，测试并记录。

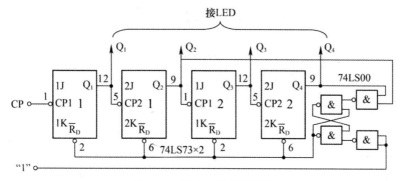

图 6-20　异步二进制计数器

2．异步二-十进制加法计数器功能测试

（1）按图 6-21 连接电路。

（2）$Q_1 \sim Q_4$ 分别接 LED，由 CP 端输入连续脉冲，观察 CP 及 $Q_1 \sim Q_4$ 的波形。

（3）画出 CP 及 $Q_1 \sim Q_4$ 的波形。

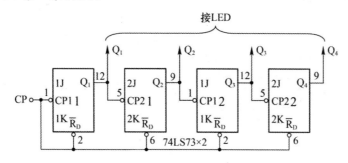

图 6-21　异步二-十进制加法计数器

3．自循环移位寄存器——环形计数器功能测试

（1）按图 6-22 连接电路。

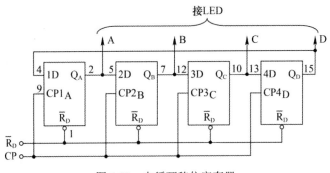

图 6-22　自循环移位寄存器

（2）将 A、B、C、D 置为 1000，用单脉冲计数，记录各触发器的状态。

（3）改为连续脉冲计数，并将其中一个状态为"0"的触发器置"1"(模拟干扰信号作用的结果)，观察计数器能否正常工作并分析原因。

（4）按图 6-23 连接电路，与非门用 74LS10，重复上述实验，对比实验结果，总结关于自启动的体会。

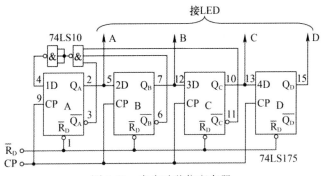

图 6-23　自启动移位寄存器

【要求与注意事项】

（1）集成电路使用时电源正、负极不能接错。

（2）电路连接无误后方可接通电源。

（3）总结时序电路的特点。

实验 4　数字抢答器的设计

【实验目的】

（1）掌握门电路的逻辑关系及使用方法；

（2）掌握 RS 触发器的逻辑关系及使用方法；

（3）学会电路的初步设计，会设计三人抢答器；

（4）培养并提高创新能力。

【实验器材】

（1）数字万用表、电工电子综合实验系统。

（2）器件：CD4044，1 片；74HC32，2 片。

数字抢答器
的设计视频

【实验原理】

1．设计思路

（1）抢答器的电路应由数字逻辑电路构成；

（2）应有对应的抢答开关电路，以实现产生抢答信号（"0"或"1"）；

（3）应有一个记忆存储电路完成抢答信号的记忆，实现在人放开抢答开关后仍能保持抢答状态不变；

（4）应有一个逻辑锁定电路，以实现在一人率先抢答后锁定，后续其他人的抢答无效；

（5）应有抢答后复位和相应的显示提示功能。

2．数字抢答器设计方案

数字抢答器设计方案如图6-24所示。

图6-24　数字抢答器设计方案

【实验内容与步骤】

1．设计任务

（1）利用给定器件设计制作三人抢答器；

（2）实验验证所设计的数字抢答器的功能。

2．设计要求

（1）基本要求：

① 能实现三人抢答判定，确定最先抢答人；

② 应具有抢答显示和声音提示；

③ 应具有复位重新抢答功能。

（2）扩展要求：用数码管显示抢答人的编号。

3．数字抢答器设计参考方案

器材清单见表6-15，电路功能见表6-16，三人抢答器电路示例如图6-25所示。

表6-15

序号	名称	规格型号	数量
1	抢答开关	"0"输出	3个
2	或门（7）	74HC32	2片
3	"0"触发RS触发器	CD4044	1片
4	数码显示组件		1套
5	发光二极管、电阻等		3套

表6-16

率先抢答人	后续抢答人	抢答输出状态			数码管显示
		Q_3	Q_2	Q_1	
无	无	0	0	0	0
1	2、3	0	0	1	1
2	1、3	0	1	0	2
3	1、2	1	0	0	3

4．三人抢答器设计实验

可参考上面示例和网上技术资料进行4人或更多人实用抢答器电路设计及实验验证，实验步骤和实验内容自选拟订。

【要求与注意事项】

（1）使用设计性实验报告，写清楚计数器的设计思路和方法。

（2）集成电路使用时注意电源连接要正确。

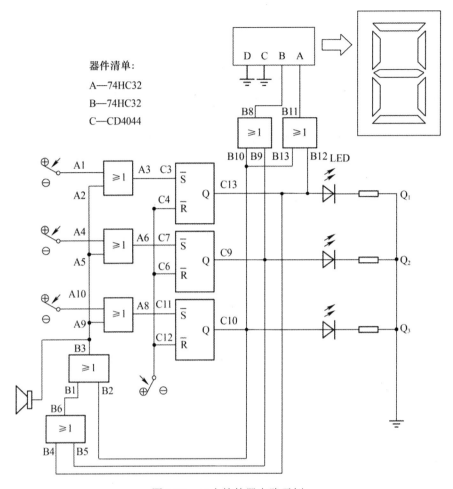

器件清单：
A—74HC32
B—74HC32
C—CD4044

图 6-25　三人抢答器电路示例

实验 5　555 定时器的应用电路

【实验目的】
（1）掌握 555 定时器的结构和工作原理，学会 555 定时器的正确使用方法；
（2）学会分析和测试用 555 定时器构成的多谐振荡器、单稳态触发器等典型电路。

【实验器材】
（1）示波器，电工电子综合实验系统。
（2）器件：NE555 定时器，3 片；二极管 1N4148，2 个；发光二极管，红色 2 个；电位器 22kΩ，1 个；电阻、电容，若干；扬声器，1 个。

【实验原理】
1．555 定时器
555 定时器是一种模拟和数字电路相混合的中规模集成电路，结构简单、性能可靠、使用灵活、驱动能力强，外接少量阻容元件，即可组成多种波形发生器、定时延迟电路，在报警、检测、自动控制及家用电器等电路中得到了广泛的应用。

本实验所用的 555 定时器芯片为 NE555，如图 6-26 所示为引脚图，图中各引脚的功能简述如下。

TH，高电平触发端：当 TH 端电平大于 $\frac{2}{3}V_{CC}$ 时，输出端 OUT 呈低电平，DIS 端导通。

$\overline{TR}$，低电平触发端：当 $\overline{TR}$ 端电平小于 $\frac{1}{3}V_{CC}$ 时，OUT 端呈现高电平，DIS 端关断。

$\overline{R}_D$，复位端：$\overline{R}_D$ =0，OUT 端输出低电平，DIS 端导通。

CO，控制电压端：接不同的电压值，可以改变 TH 端、$\overline{TR}$ 端的触发电平值。

DIS，放电端：其导通或关断为 RC 回路提供了放电或充电的通路。

OUT，输出端。

V_{CC}，电源端。

GND，接地端。

NE555 的功能如表 6-17 所示，其内部结构如图 6-27 所示。

表 6-17

TH	$\overline{TR}$	$\overline{R}_D$	OUT	DIS
×	×	L	L	导通
$>\frac{2}{3}V_{CC}$	$>\frac{1}{3}V_{CC}$	H	L	导通
$<\frac{2}{3}V_{CC}$	$>\frac{1}{3}V_{CC}$	H	原状态	原状态
$<\frac{2}{3}V_{CC}$	$<\frac{1}{3}V_{CC}$	H	H	关断

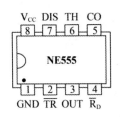

图 6-26　NE555 引脚排列

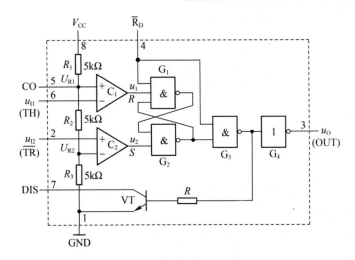

图 6-27　NE555 的内部结构

2. 用 555 定时器构成单稳态触发器

如图 6-28 所示，由 555 定时器和外接定时元件 R、C 构成了单稳态触发器。$\overline{TR}$ 端加触发信号。

555 定时器的电源电压范围较宽，可在+5～+16V 范围内使用（若为 CMOS 的 555 芯片，则电压范围为+3～+18V）。电路的输出有缓冲器，因而有较强的带负载能力，可直接推动 TTL 或 CMOS 的各种电路，还能直接推动蜂鸣器等器件。本实验所使用的电源电压 V_{CC}=+5V。

3. 用 555 定时器构成多谐振荡器

如图 6-29 所示，由 555 定时器和外接元件 R_1、R_2、C 构成多谐振荡器。2、6 脚相连，电路没有稳态，仅存在两个暂稳态，电路不需要外加触发信号。利用电源通过 R_1、R_2 向 C 充电，以及 C_1 通过 R_2 向放电端 DIS 放电，使电路产生振荡。

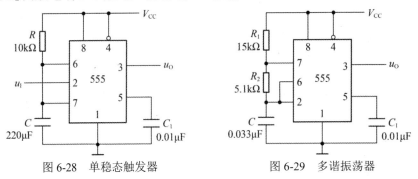

图 6-28　单稳态触发器　　　　　　　图 6-29　多谐振荡器

【实验内容与步骤】

1. 单稳态触发器实验

实验电路如图 6-30(a)所示。

（1）用 555 芯片搭建如图 6-30(a)所示电路，输入端 u_1 通过开关接高、低电平，输出端接发光二极管。

（2）将 u_1 接如图 6-30(b)所示的信号，用示波器观察输入 u_1 和输出 u_O 的波形并画出波形，测量输出 u_O 的脉宽时间，比较理论与实际波形是否一致。

（3）若想设计定时时间为 5～10s 的单稳态触发器，根据公式选择合适的 R、C 数值，并写出所设计参数下的定时时间。

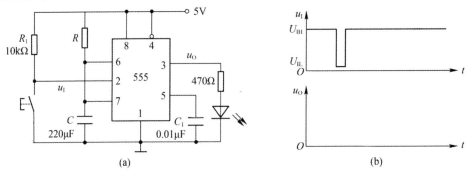

图 6-30　单稳态触发器

2. 多谐振荡器实验

（1）用 555 芯片搭建如图 6-31(a)所示电路，用示波器观测电容 C 两端的电压波形和输出电压波形，并画出波形。

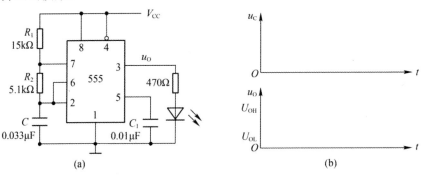

图 6-31　多谐振荡器

（2）电阻 R_2 分别为 5.1kΩ 和 10kΩ，测量输出电压波形的频率、正脉宽、负脉宽、幅度和占空比，填入表 6-18 中。

（3）输出端通过 100μF 的电容接扬声器，聆听音调的高低；将实验 1 单稳态触发器和实验 2 多谐振荡器连接到一起，设计成可以定时的门铃电路。

表 6-18

参数 条件	频率/Hz		正脉宽/μs		负脉宽/μs		幅度/V	占空比	
	计算	测量	计算	测量	计算	测量	测量	计算	测量
R_2=5.1kΩ									
R_2=10kΩ									

3. 两个多谐振荡器组成救护车警铃电路

如图 6-32 所示，用芯片 555（1）和 555（2）构成低频对高频调制的救护车警铃电路。

（1）调整电位器 R_P，使扬声器的声音达到满意。

（2）用示波器观察输出波形，说明芯片的引脚 5（控制电压端）对波形的影响情况。

（3）将实验 1 单稳态触发器和实验 3 警铃电路连接在一起，设计成可定时的警铃电路。

（4）将警铃电路第一个振荡器的输出接到第二个振荡器的复位端上，观察扬声器的声音效果，并分析工作原理。

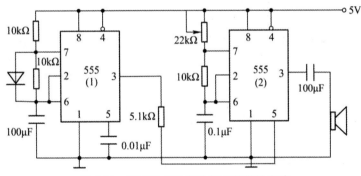

图 6-32　用两片 555 芯片构成的警铃电路

【要求与注意事项】

（1）电源连接要正确。

（2）电路连接要准确可靠。

（3）严格按实验步骤操作。

（4）总结定时器及其构成的典型电路的使用方法。

第7章 仿 真 实 验

7.1 Multisim14.0 仿真软件使用基础

Multisim 是美国国家仪器（National Instruments，NI）公司推出的电路仿真软件，分为专业版和教学版，目前已受到国内外教师、科研人员和工程师的广泛认可。Multisim 具有所见即所得的设计环境、互动式的仿真界面、动态显示元件、虚拟仪表、分析功能与图形显示窗口等特色。

Multisim14.0 是 NI 公司推出的新版本，该软件结合了直观的捕捉和功能强大的仿真，能够快速、轻松、高效地对电路进行设计和验证，提供了针对模拟电子、数字电子及电力电子的全面电路分析工具。Multisim14.0 的图形化互动环境可帮助学生巩固对电路理论的理解，将课堂学习与动手实验有效地衔接起来。

7.1.1 Multisim14.0 软件简介

安装好仿真软件 Multisim14.0 后，单击"开始"→"程序"→"Multisim14.0"选项，启动 Multisim14.0，如图 7-1 所示为启动界面。然后进入 Multisim14.0 的编辑环境，如图 7-2 所示。

图 7-1 Multisim14.0 启动界面

1. 菜单栏

菜单栏包含的选项如下。

File：主要用于文件的建立、打开、关闭、保存、打印等。

Edit：主要用于对窗口内的对象进行剪切、复制、粘贴、删除、旋转、翻转等操作，以及对选中的元器件进行参数值和标识符号的编辑。

View：主要用于控制工具栏、元器件库栏、仪器仪表栏、分析图形显示窗口、仿真开关、状态栏、栅格等的显示，以及调整画面的缩放。

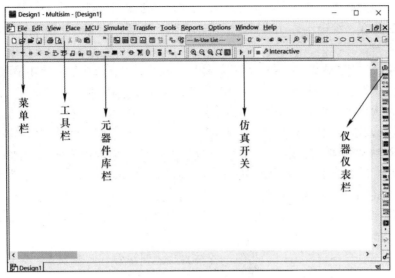

图 7-2　Multisim14.0 的编辑环境

Place：用于在绘图区放置元器件、连接点、总线及文字等。

MCU：微控制器的电路仿真和调试菜单。

Simulate：主要用于电路仿真方法的选择和设置。

Transfer：用于将仿真结果输送给其他软件。

Tools：主要用于对元器件进行编辑和管理。

Reports：提供材料清单等报告。

Options：用于对绘图界面的各种设置以及对电路一些功能进行调整的操作。

Window：用于进行窗口操作。

Help：用于打开帮助信息窗口。

2. 元器件库栏

元器件库栏如图 7-3 所示，从左到右依次是：电源库、基本元件库、二极管库、三极管库、模拟元器件库、TTL 元器件库、CMOS 元器件库、其他数字元器件库、模数混合元器件库、指示器件库、功率元器件库、混合元器件库、外设元器件库、射频元器件库、电机元件库、NI 元器件库、连接器件库、MCU 器件库、层次块调用库、总线库。

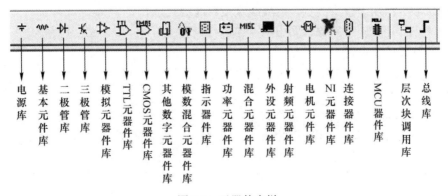

图 7-3　元器件库栏

主要的元器件库栏中包含的元器件如下：

电源库包含接地端、直流电源、交流电源、方波、受控电源等多种电源和信号源。

基本元件库包含基本虚拟元件、额定虚拟元件、三维虚拟元件、排阻、开关、变压器、非线性变压器、Z 负载、继电器、连接器、插座、电阻、电容、电感、电解电容、可变电容、可变电感、电位器等。

二极管库包含虚拟二极管、普通二极管、稳压二极管、发光二极管、单相整流桥、肖特基二极管、晶闸管、双向触发二极管、三端双向晶闸管、变容二极管、PIN 二极管等。

三极管库包含虚拟三极管、NPN 型三极管、PNP 型三极管、达林顿 NPN 型三极管、达林顿 PNP 型三极管、达林顿三极管阵列、带偏置 NPN 型 BJT 管、带偏置 PNP 型 BJT 管、BJT 三极管阵列、绝缘栅型场效应管、N 沟道耗尽型 MOS 管、N 沟道增强型 MOS 管、P 沟道增强型 MOS 管、N 沟道 JFET、P 沟道 JFET、N 沟道功率 MOSFET、P 沟道功率 MOSFET、COMP 功率 MOSFET、单结型三极管、热效应管等。

模拟元器件库包含虚拟模拟集成电路、运算放大器、诺顿运算放大器、比较器、宽频运算放大器、特殊功能运算放大器等。

TTL 元器件库包含与门、或门、非门、各种复合逻辑运算门、触发器、中规模集成芯片、74××系列和 74LS××系列等 74 系列数字电路器件等。

CMOS 元器件库包括 40××系列和 74HC××系列多种 CMOS 数字集成电路器件。

7.1.2 Multisim14.0 电路原理图设计基础

1．电路原理图的选项设置

（1）绘图界面设置

选择"Options"→"Sheet Properties"，用于设置与电路原理图显示方式有关的一些选项，如图 7-4 所示。各个选项卡的功能如下。

Sheet visibility 选项卡：可选择电路的各种参数，如 Labels 选择是否显示元器件的标识，RefDes 选择是否显示元器件的编号，Values 选择是否显示元器件的数值，Initial conditions 选择初始化条件，Tolerance 选择公差，等等。

Colors 选项卡：其中的 5 个按钮用来选择绘图区的背景、元器件、导线等的颜色。

Workspace 选项卡：对绘图区进行设置，如 Show grid，选择绘图区中是否显示格点；Show page bounds，选择绘图区中是否显示页面分隔线（边界）；Show border，选择绘图区中是否显示边界；Show size，设定图纸大小。

Wiring 选项卡：用于设置线宽、总线线宽及总线模式选择。

Font 选项卡：用于对电路原理图中的文字进行设置。

（2）电路整体性能设置

选择"Options"→"Global Preferences"，用于设置与电路性能有关的一些选项。选择 Components 选项卡，如图 7-5 所示。

在 Symbol standard 区域选择元器件符号标准。

● ANSI 标准：设定采用美国国家标准学会标准的元器件符号。

● IEC 标准：设定采用国际电工委员会标准的元器件符号。

不同标准下的直流电源、交流电源和接地符号的区别如图 7-6（a）、（b）所示。电阻、二极管、稳压二极管、集成运算放大器 741 芯片、与非门 7400N 和 74LS161N 芯片符号的区别如图 7-7（a）、（b）所示。使用者可以根据个人喜好选择使用任何一种标准的符号。本书后续章节的电路符号不做特殊说明。

图 7-4　绘图界面设置　　　　　　　图 7-5　Components 选项卡

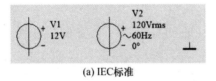

(a) IEC标准

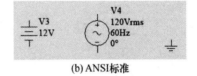

(b) ANSI标准

图 7-6　不同标准下的直流电源、交流电源、接地符号的区别

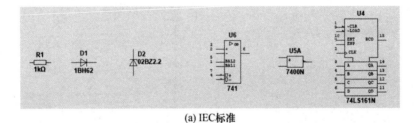

(a) IEC标准

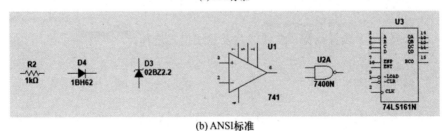

(b) ANSI标准

图 7-7　不同标准下的元器件符号

2. 电路原理图的绘制和仿真

了解了 Multisim14.0 的相关界面后，就可以在绘图区调用元器件设计电路，下面以图 7-8 为例介绍电路原理图的绘制。

（1）放置元器件和仪器仪表

① 在元器件库栏选择电源库图标 ÷ （Place Source），弹出如图 7-9 所示对话框，分别选择交流电压源（AC-POWER）、直流电压源（DC-POWER）和地线（GROUND）。

Multisim 14.0
绘制电路图视频

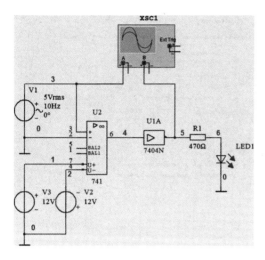

图 7-8　电路原理图绘制和仿真例图

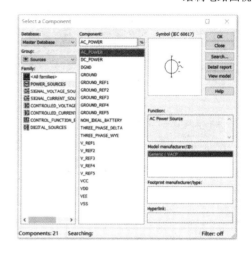

图 7-9　电源库

② 在元器件库栏选择基本元件库图标 〜 （Place Basic），弹出如图 7-10 所示对话框，选择 470Ω 电阻（RESISTOR）。

③ 在元器件库栏选择二极管库图标 ⋈ （Place Diode），弹出如图 7-11 所示对话框，选择红色发光二极管（LED-red）。

图 7-10　基本元件库

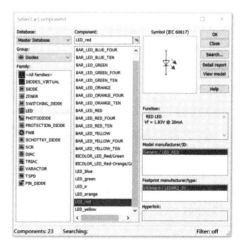

图 7-11　二极管库

④ 在元器件库栏选择模拟元器件库图标 ⋈ （Place Analog），弹出如图 7-12 所示对话框，选择 741 芯片。

⑤ 在元器件库栏选择 TTL 元器件库图标 ⊞ （Place TTL），弹出如图 7-13 所示对话框，选择 7404N 六非门芯片，然后弹出如图 7-14 所示对话框，单击 A 按钮，表示选择芯片中的第一个非门。

⑥ 在图 7-2 右侧的仪器仪表栏选择双通道示波器（Oscilloscope），如图 7-15 所示。

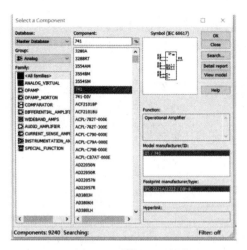

图 7-12　模拟元器件库

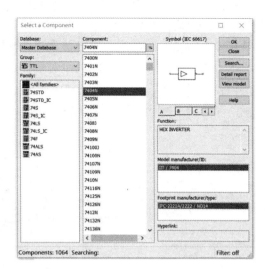

图 7-13　TTL 元器件库

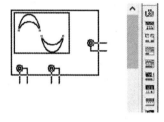

图 7-15　仪器仪表栏的示波器

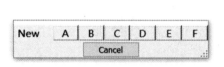

图 7-14　7404N 六非门对话框

（2）电路连接和参数设置

① 连线。将光标移向所要连接的元器件引脚上，光标箭头就会变成带十字小圆点状，按住鼠标左键，沿着绘图区的网格向右拉出一段虚线，引到另一个元器件的引脚处，单击即完成连接。右击导线，弹出图 7-16 所示选项框，单击 Segment color 选项，弹出如图 7-17 所示的更改导线颜色对话框，可以改变导线颜色，以方便观察。

② 调整元器件位置。右击元器件，弹出如图 7-18 所示选项框，可以旋转元器件的方向，以便更合理地进行电路布局，同时可以进行剪切、复制、改变颜色等操作。

③ 双击元器件，以双击交流电压源为例，弹出如图 7-19 所示对话框，可以更改交流电压源的参数。

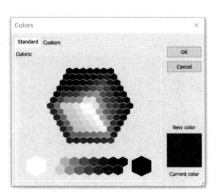

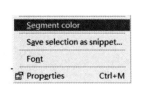

图 7-16　导线右键选项框

图 7-17　更改导线颜色对话框

图 7-18　元器件右键选项框

（3）仿真测试

搭建好电路原理图之后，单击仿真相关的图标 ，可以开始仿真、暂停仿真和停止仿真。双击示波器，弹出如图 7-20 所示对话框，适当设置示波器的参数，以方便观察输出波形。

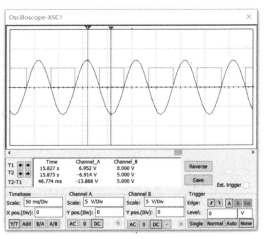

图 7-19　修改交流电压源参数对话框　　　　　图 7-20　示波器对话框

7.2　EveryCircuit 仿真软件使用基础

EveryCircuit（电路模拟器）是由 MuseMaze 公司开发的一款应用于手机的电子电路模拟工具。该软件的界面简洁美观，操作简单，功能强大，可以模拟出十分逼真的电子电路，从而让用户可以轻松地了解这些电子电路是如何运转的。在这款软件中，只需要建立电路，点击播放按钮，就能够观看动态的电压和电流的变化情况。在模拟电路运行的同时，还可以通过模拟旋钮来调整电路参数，电路会实时响应这种变化。这是一款具有创新性的互动软件，比较适合初学者学习电工电子技术以及研究电子电路运行的用户。

7.2.1　EveryCircuit 软件简介

在手机上安装 EveryCircuit 应用程序，网上有很多种版本，本书使用的是汉化版，启动界面如图 7-21 所示。EveryCircuit 自带了一些示例电路，如电流演示电路、电压和接地演示电路、阻力和欧姆定律电路等，如图 7-22 所示。点击"工作区"选项，就可以创建新的电路图，如图 7-23 所示。

EveryCircuit
软件简介
视频

图 7-21　EveryCircuit 启动界面

在绘图界面，上方是元器件栏，下方是命令按键。EveryCircuit 自带了很多元器件，如图 7-24、图 7-25 和图 7-26 所示。命令按键依次是时域仿真播放按键![▶]、频域仿真播放按键![▶]、重命名保存按键![⤶]和分享按键![⊷]。

图 7-22　示例电路区

图 7-23　工作区

图 7-24 中的元器件分别是交流电压源、直流电压源、电流源、电阻、电容、电感、地线、电压表、电流表、欧姆表、电压控制电压源、电压控制电流源、电流控制电压源、电流控制电流源。

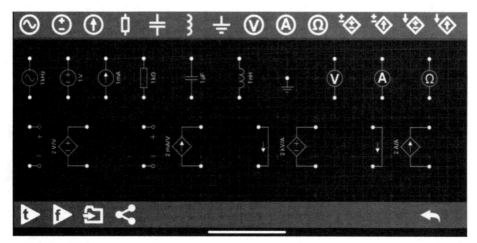

图 7-24　EveryCircuit 元器件 1

图 7-25 中的元器件分别是电位器、变压器、运算放大器、单刀单掷开关、单刀双掷开关、按下按钮开关、按下按钮数控开关、继电器、灯泡、发光二极管、二极管、稳压二极管、NPN型三极管和 PNP 型三极管。

图 7-26 中的元器件分别是 N 沟道功率 MOSFET、P 沟道功率 MOSFET、逻辑源、与门、或门、非门、与非门、或非门、异或门、同或门、七段显示器、七段译码器、74LS193 计数器、555 定时器。

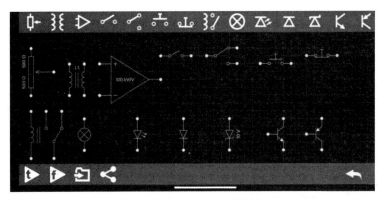

图 7-25　EveryCircuit 元器件 2

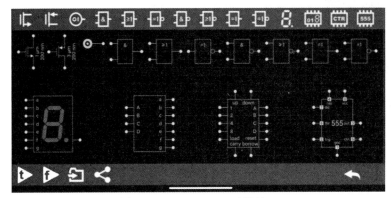

图 7-26　EveryCircuit 元器件 3

7.2.2　EveryCircuit 电路原理图设计基础

EveryCircuit 具有直观的界面，采用模拟控制旋钮调整电路参数，显示动态的电压波形和电流流动效果，操作简单，下面以图 7-27 所示电路为例介绍电路原理图设计和仿真操作，最终点亮一个发光二极管，并观察电压波形。

1．绘制电路原理图

根据示例电路图，在屏幕上方的元器件栏选择直流电压源![icon]、发光二极管![icon]、电阻![icon]和地线![icon]，点击一个元件的端点，再点击另一个元件端点进行连线。EveryCircuit 突出的特点是能直观地观察到电流的流动和电压的变化。点击屏幕下方命令按键中的![icon]，电路原理图中随即出现电流的动画效果，每个元件旁边显示流经该元件的电流值，每个节点旁边显示该节点的电位值。仿真结果显示电路中流经发光二极管的电流只有 1.35μA，发光二极管没有发光。

2．元器件参数设置

EveryCircuit 中电路元器件的参数非常丰富，可以任意更改。首先调整直流电压源的参数，点击直流电压源，出现如图 7-28 所示界面，电压源的颜色变成黄色，屏幕下方出现菜单栏，菜单功能依次是电压源参数设置![icon]、添加节点![icon]、元器件逆时针旋转![icon]、元器件垂直或水平翻转![icon]、剪切![icon]、删除![icon]和撤回![icon]。点击电压源参数设置![icon]，出现如图 7-29 所示的参数调节旋钮，增大电压值到 9V，进行仿真，这时电路中的电流是 7.11mA，发光二极管发出微弱的光。

接下来设置发光二极管的参数，点击发光二极管，调整参数，如图 7-30 所示。其中可以设置发光二极管发光颜色的波长、电压、电流和结电容。点击"电流"选项，减小额定电流到 5mA，再次仿真，这时电路中的电流为 6.96mA，发光二极管的颜色明显变亮了，电路正常工作。

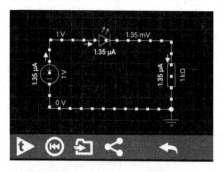

图 7-27　示例电路图

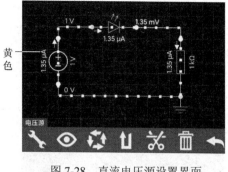

图 7-28　直流电压源设置界面

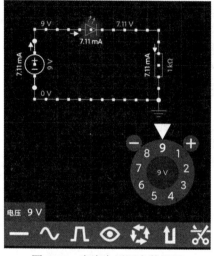

图 7-29　直流电压源参数设置

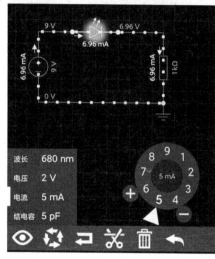

图 7-30　发光二极管参数设置

3. 设置节点

EveryCircuit 可以显示节点电压的波形，类似示波器的功能。为了观察波形，把直流电压源调整为 9V、1kHz 的交流电压源，电路即变为半波整流电路。下面为电路添加节点，观察动态的电压波形。首先点击电压源和发光二极管之间的导线，然后点击屏幕下方命令按键中的 ◉，屏幕上方即出现示波器的窗口，显示该节点的节点电压波形；采用同样方法，可以观察发光二极管和电阻之间的节点电压波形，如图 7-31 所示。

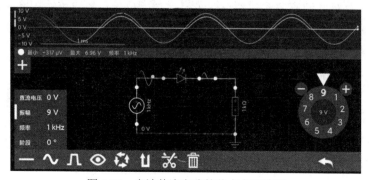

图 7-31　半波整流电路的节点电压波形

例 1：与非门驱动 LED 电路。

在元器件栏选择逻辑源、与非门、发光二极管、电阻和地线，绘制如图 7-32 所示的电路图。与非门默认的逻辑真是 5V，设置发光二极管的电流为 5mA，限流电阻值为 470Ω。点击逻辑源，使其置 1 或置 0，与非门输出逻辑真时，发光二极管被点亮。

例 2：计数显示电路。

在元器件栏选择交流电压源（并设置成周期 1ms 的矩形波信号源）、逻辑源、计数器（74LS193 可逆计数器）、七段译码器和七段显示器，绘制如图 7-33 所示的电路，数码管显示为十六进制倒计时计数器。

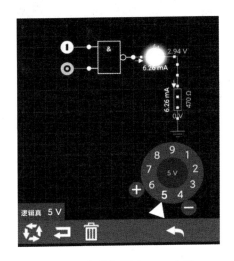

图 7-32　与非门驱动 LED 电路

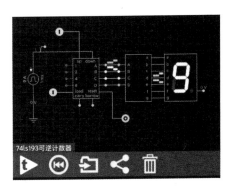

图 7-33　计数显示电路

7.3　Multisim 仿真实验

实验 1　电位的概念及计算

【实验目的】

了解电位与电压的区别。

【实验原理】

在分析电子电路时，通常要应用电位这个概念。电位是指单位电荷在静电场中的某一点所具有的电势能，它的大小取决于电势零点的选取，其数值只具有相对的意义。选择电路中的某点为参考点（参考点电位为零），其他各点到参考点间的电压即为电位。

【实验内容与步骤】

本实验中，选择不同的参考点，如图 7-34 和图 7-35 所示，计算电路中各点的电位情况，研究电路中某一点的电位大小。

在图 7-34 和图 7-35 中分别选取 a 点和 b 点为参考点，观察各电流表和电压表的读数，测量 a、b、c、d 点的电位，并测量 ab 间的电压。

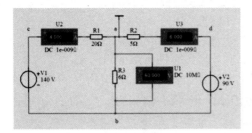
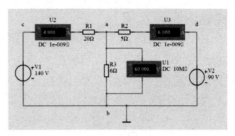

图 7-34　a 点为参考点的仿真电路　　　　图 7-35　b 点为参考点的仿真电路

实验结果如表 7-1 和表 7-2 所示。

表 7-1

a 点为参考点				
$V_a=0V$	$V_b=-60V$	$V_c=80V$	$V_d=30V$	$U_{ab}=60V$

表 7-2

b 点为参考点				
$V_b=0V$	$V_a=60V$	$V_c=140V$	$V_d=90V$	$U_{ab}=60V$

结论：

（1）电路中任意两点间的电压值是一定的，是绝对的；

（2）各点的电位值因所设参考点的不同而不同，是相对的。

【思考题】

（1）以 c、d 点为参考点，分析各点的电位情况；

（2）验证基尔霍夫电流定律和基尔霍夫电压定律。

实验 2　RC 电路的响应

【实验目的】

（1）认识暂态过程及零输入响应，领会时间常数的意义；

（2）区别零输入响应、零状态响应和全响应。

【实验原理】

含有储能元件的电路称为动态电路，当电路发生换路时，可能使电路改变原来的工作状态，转变到另一个工作状态，这种转变往往要经历一个过渡过程，也就是暂态过程。

零输入响应：动态电路中无外加激励电源，仅由动态元件初始储能所产生的响应。

零状态响应：电路中储能元件的初始储能为零，由外加激励引起的响应。

全响应：电路中储能元件有初始储能，并且受到激励的作用，这时的响应称为全响应。全响应是零输入响应和零状态响应的叠加。

在一阶 RC 电路中，只要求得初始值 $f(0_+)$、稳态值 $f(\infty)$ 和时间常数 τ 这 3 个要素，就可以直接写出电路的响应，这种方法称为三要素法，用下面公式表示

$$f(t)=f(\infty)+[f(0_+)-f(\infty)]e^{-\frac{t}{\tau}}$$

其中，$\tau=RC$，称为 RC 电路的时间常数，它决定了暂态过程的长短。理论上，只有当 $t=\infty$ 时电路才能达到稳定，工程上一般认为经历 $3\tau\sim5\tau$ 的时间后，暂态过程结束，电路进入新的稳定状态。

【实验内容与步骤】

一阶 RC 电路的仿真电路如图 7-36 所示。

（1）观察 RC 电路零输入响应时电容电压的波形，理解时间常数 τ 的含义。

开关由上端换到下端，观察电容电压的波形。移动两个测量指针，分析时间常数 τ 的含义。

如图 7-37 所示，从波形中可以看出，电容电压由一个稳态达到另一个稳态，中间的曲线即为暂态过程，电路发生零输入响应，电容放电。理论计算电路中 $\tau=RC=500\Omega\times10\mu F=5ms$，移动两个测量指针，第一个指针指向电路发生换路的时刻，第二个指针在时间轴上后移约 5ms（移动测量指针时，精度影响阅读值）。可以看到，时间经过 τ，电容电压由 6V 衰减到 2.257V，电容电压衰减为初始值的 37.6%，也就是完成总变化量的 62.4%，τ 反映了暂态过程持续时间的长短。

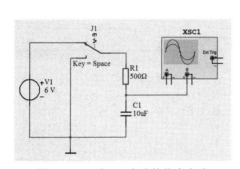

图 7-36　一阶 RC 电路的仿真电路

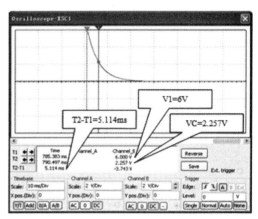

图 7-37　零输入响应时电容电压的波形

（2）观察零状态响应和全响应时电容电压的波形。

开关由下端换到上端，电路发生零状态响应，电容充电，如图 7-38 所示；快速转换开关，电路发生全响应，能清晰地观察到电容充放电现象，如图 7-39 所示。

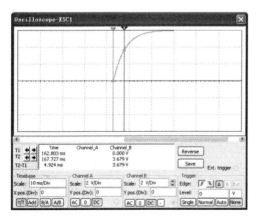

图 7-38　零状态响应时电容电压的波形

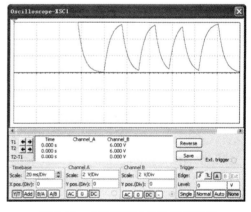

图 7-39　全响应时电容电压的波形

【思考题】

改变电容值，C 由 $10\mu F$ 变化到 $20\mu F$，计算 τ 及 τ 点对应的电容电压，观察时间常数 τ 对暂态过程持续时间长短的影响。

实验 3　RLC 串联谐振

【实验目的】

理解 RLC 串联电路中串联谐振的概念、频率和特点。

【实验原理】

在正弦交流电路中，电源电压与电路中的电流同相时，电路发生谐振现象。因为发生在 RLC 串联电路中，所以称为串联谐振。RLC 串联电路发生谐振的条件是感抗等于容抗，即

$2\pi fL = \dfrac{1}{2\pi fC}$，由此得出电路的固有频率 $f_0 = \dfrac{1}{2\pi\sqrt{LC}}$。当电源频率 f 与固有频率 f_0 相等时，

电路发生谐振。可见，只要调节 L、C 或电源频率，都能使电路发生谐振。当电路发生谐振时，电容电压和电感电压升高到电源电压的 Q 倍，Q 称为电路的品质因数，$Q = \dfrac{1}{R}\sqrt{\dfrac{L}{C}}$。

串联谐振的特点：

（1）电路的阻抗模 $|Z| = \sqrt{R^2 + (X_L - X_C)^2} = R$ 为最小值，因此当电源电压 U 不变时，电流

$I_0 = \dfrac{U}{R}$ 达到最大值。

（2）电压与电流同相（$\varphi=0$），因此电路总无功功率 $Q=0$。电源提供的电能全部被电阻所消耗，电源与电路之间无能量交换，能量的互换只发生电感和电容之间。

（3）电感和电容上的电压有可能远大于电源电压。谐振时，$X_L = X_C$，所以 $U_L = U_C$，则

$\dot{U}_L + \dot{U}_C = 0$，即电感电压与电容电压大小相等，相位相反，互相抵消，而 $\dot{U} = \dot{U}_R$，当 $X_L =$

$X_C \gg R$ 时，$U_L = U_C \gg U_R = QU$，出现升压现象，可见发生谐振时，有可能出现 U_L (U_C)超过电源电压 U 许多倍的现象，因此串联谐振又称电压谐振。

【实验内容与步骤】

RLC 串联电路没有发生谐振时的仿真电路如图 7-40 所示。

（1）调节电路元件参数，使电路发生谐振，观测谐振频率，了解谐振电路的升压作用。

① 在实验电路中，电源频率是 1000Hz，计算电路的固有频率约为 f_0=1592Hz，电路没有发生串联谐振，这时测得电容电压和电感电压接近电源电压，电路中的电流为 0.01A。

② 调节电源频率为 1592Hz，使电源频率等于电路的固有频率，电路发生谐振，测量电容电压、电感电压和电路中的电流。

如图 7-41 所示，电路发生谐振，电容电压和电感电压升高到电源电压的 20 倍，电路中的电流为 0.2A，达到最大值。

（2）利用仿真软件中的交流分析，观测 RLC 串联谐振电路的谐振频率。

单击 Simulate→Analysis→AC Operation Point 命令，在打开的对话框中单击 Output 选项卡，选取要分析的节点号，并单击 Add 按钮，添加节点 1。单击 Simulate 按钮。

在弹出的分析结果窗口中，可以看到电路的幅频特性和相频特性，如图 7-42 所示，拉动测试标记线，可以很方便地看到 RLC 串联电路的谐振频率约为 1.5991kHz。因为指针移动误差的原因，读数与计算的谐振频率 1592Hz 略有偏差。

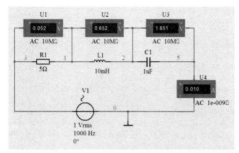

图 7-40　RLC 串联电路没有发生谐振时的仿真电路

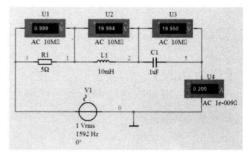

图 7-41　RLC 串联电路发生谐振时的仿真电路

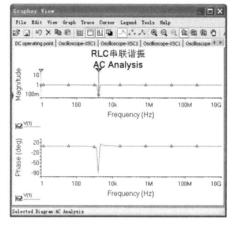
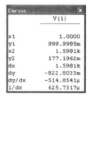

图 7-42　RLC 串联电路谐振频率的仿真结果

【思考题】

（1）电源频率不变，调节电路元件参数 L 或 C，使电路发生谐振，重新计算电路的品质因数，观察谐振电路的升压作用。

（2）利用波特图示仪对串联谐振回路的幅频特性和相频特性进行仿真测试，观察谐振频率的数值。

实验 4　低通滤波电路

【实验目的】

了解低通滤波电路的频率特性。

【实验原理】

低通滤波电路具有使低频信号较易通过而抑制较高频率信号的作用。当输出电压幅度下降到输入电压幅度的 70.7%，即 $|T(j\omega)|$ 下降到 0.707 时为最低限。此时 $\omega=\omega_0$，而将频率范围 $0<\omega<\omega_0$ 称为通频带。ω_0 称为截止频率。低通滤波电路的频率特性如图 7-43 所示。

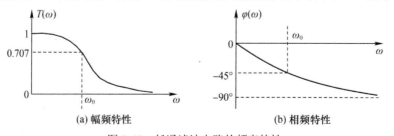

图 7-43　低通滤波电路的频率特性

【实验内容与步骤】

利用交流分析观察 RC 低通滤波器电路的幅频特性、相频特性。

低通滤波电路的频率特性仿真电路如图 7-44 所示。

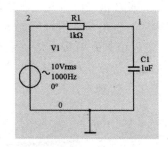

图 7-44 低通滤波电路的频率特性仿真电路

单击 Simulate→Analysis→AC Analysis 命令，在打开的对话框中打开 Frequency parameters 选项卡，其中 Sweep type（扫描方式）选择 Decade（十倍程扫描），Vertical scale（输出波形的坐标刻度）选择 Linear（线性）。打开 Output 选项卡，选取要分析的节点号，并单击 Add 按钮，添加节点 1。单击 Simulate 按钮，如图 7-45 所示。

图 7-46 显示结果中有两条曲线，上面的是幅频特性曲线，下面的是相频特性曲线。移动读数指针 2，从幅频特性曲线可以看出：随着频率的增加，$|T(j\omega)|$ 逐渐减小，当 $|T(j\omega)|$ 下降到大约 0.707 时（716.8737m），指针 2 处读取该低通滤波电路的截止频率为 $f=153.5449\text{Hz}$。

经计算，低通滤波电路的截止频率 $f = \dfrac{1}{2\pi RC} = 159.23\text{Hz}$，测量值与理论计算值基本相符，通频带为 0～158Hz。这说明 RC 低通滤波电路具有使低频信号通过而抑制较高频率信号的作用。

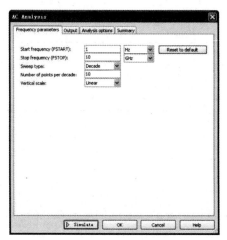

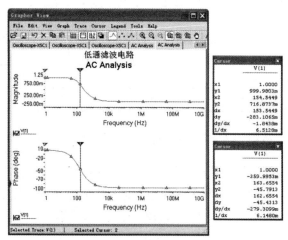

图 7-45 输出波形设置   图 7-46 低通滤波电路的频率特性仿真结果

实验 5   三极管的电流分配和放大作用

【实验目的】

了解三极管的电流分配和放大作用。

【实验原理】

三极管有 3 个电极（E、B、C），两个 PN 结（发射结和集电结），分为 NPN 型和 PNP 型两种结构形式。根据实现放大作用的要求，供电电源接法应保证：发射结正偏，集电结反偏。以 NPN 型三极管共射极接法为例介绍放大原理，实验电路如图 7-47 所示。由于三极管自身的构造特点，基极电流 I_B 远小于发射极电流 I_E 和集电极电流 I_C。只要发射结电压 U_{BE} 有微小变化，造成基极电流 I_B 有微小变化，就能引起发射极电流 I_E 和集电极电流 I_C 很大变化，这就是三极管的电流放大原理，其中 $I_E=I_B+I_C$。若在集电极电路中串入大电阻 R_C，则集电结电压 U_{CE} 的变化比发射结电压 U_{BE} 的变化大得多，实现电压放大作用。

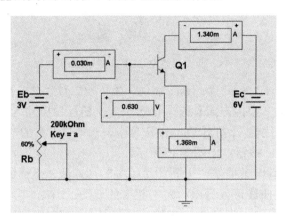

图 7-47 三极管电流放大的实验电路

【实验内容与步骤】

1．三极管的电流分配和放大作用

改变可变电阻 R_b 的大小，记录基极电流、集电极电流和发射极电流的变化情况并填入表 7-3，计算三极管的电流放大倍数。

表 7-3

I_B/mA	0.030	0.039	0.047	0.059	0.078
I_C/mA	1.340	1.793	2.154	2.701	3.604
I_E/mA	1.368	1.832	2.20	2.759	3.681

从表 7-3 中可以验证三极管的电流分配关系 $I_E=I_B+I_C$ 成立。由关系式 $\overline{\beta}=\dfrac{I_C}{I_B}$ 和 $\beta=\dfrac{\Delta I_C}{\Delta I_B}$ 计算三极管的电流放大倍数，$\beta \approx \overline{\beta} \approx 46$。

2．观测三极管基极与发射极之间电压的变化情况

用电压表测量基极与发射极之间的电压，可以发现基极与发射极之间的电压在 0.6～0.8V 之间变化。

实验 6　静态工作点的稳定

【实验目的】

（1）观察温度变化时，固定偏置放大电路静态工作点 I_C 的变化情况；

（2）观察温度变化时，固定偏置放大电路输出电压波形的变化情况；

（3）观察温度变化时，分压式偏置放大电路静态工作点 I_C 的变化情况；

（4）观察温度变化时，分压式偏置放大电路输出电压波形的变化情况。

【实验原理】

放大电路的静态值（直流值）I_B、I_C 和 U_{CE}，对应着输入/输出特性曲线上的一个点，称为静态工作点（通常用字母 Q 表示），如图 7-48 所示。设置合适的静态工作点直接关系到放大电路的质量，静态工作点设置得过高或过低，都容易引起电路的非线性失真，导致电路无法正常工作。由于三极管具有非线性特点，当温度变化时，三极管反向电流 I_{CBO}、I_{CEO} 及电流放大倍数 β 都会随之变化。上述参数的变化，都会使放大电路中的静态电流 I_C 改变，引起静态工作点的移动，从而影响输出电压的波形。

引起静态工作点不稳定的诸多因素之中，以环境温度的变化影响最为严重。当温度升高时，三极管反向电流 I_{CBO}、I_{CEO} 及电流放大倍数 β 都会随之增加。上述参数的变化，都会使放大电路中的静态电流 I_C 增加，引起静态工作点向上移动。同理，当温度下降时，静态工作点随之下降。分压式偏置放大电路在固定偏置放大电路的基极接上了两个分压电阻，同时在发射极增加了发射极电阻，其直流通路如图 7-49 所示。当电路满足条件：$I_2 >> I_B$，$V_B >> U_{BE}$ 时，电路能够稳定静态工作点，对于硅管，估算时一般可选取 $I_2=(5\sim10)I_B$ 和 $V_B=(5\sim10)U_{BE}$ 较为合适。

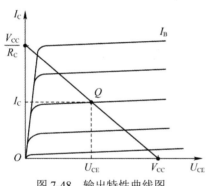

图 7-48　输出特性曲线图

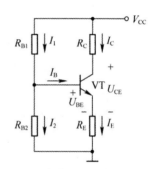

图 7-49　分压式偏置放大电路的直流通路

分压式偏置放大电路稳定静态工作点的实质是：温度变化时，β 虽然同样会发生变化，但是当 I_C 增加时，I_E 也增加，使得 U_{BE} 下降，I_B 自动减小，保持 I_C 基本不变，从而使静态工作点基本稳定，其稳定静态工作点的过程如下：

$$T(℃)\uparrow \rightarrow I_C\uparrow \rightarrow I_E\uparrow \rightarrow V_E\uparrow \rightarrow U_{BE}\downarrow \rightarrow I_B\downarrow \rightarrow I_C\downarrow$$

【实验内容与步骤】

1．固定偏置放大电路实验

固定偏置放大电路的仿真电路如图 7-50 所示。

（1）测定温度变化时（20℃和80℃）静态电流 I_C 的变化情况

固定偏置放大电路视频

本实验中，仿真温度设置为 20℃ 和 80℃，扫描分析方法设置为静态工作点分析。静态电流 I_C 的温度扫描结果如图 7-51 所示。实验结果表明：温度变化对静态电流 I_C 的影响明显。

（2）测定温度变化时（20℃和80℃）输出电压 u_{R_L} 的波形

扫描分析方法设置为暂态分析，输出变量设置为节点 8。

如图 7-52 所示，对比 20℃ 和 80℃ 时的输出电压 u_{R_L} 波形，可以看出温度升高，输出波形发生失真。

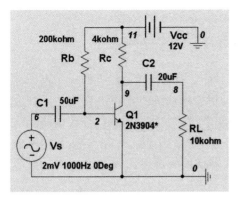

图 7-50　固定偏置放大电路的仿真电路

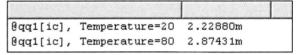

| @qq1[ic], Temperature=20 | 2.22880m | |
| @qq1[ic], Temperature=80 | 2.87431m | |

图 7-51　静态电流 I_C 的温度扫描结果

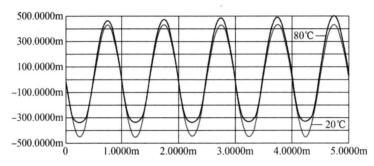

图 7-52　20℃和80℃时的输出电压 u_{R_L} 波形

2. 分压式偏置放大电路实验

分压式偏置放大电路的仿真电路如图 7-53 所示。

（1）分压式偏置放大电路条件测定（选做）

电流表测 I_{R_1} 和 I_B，验证 $I_{R_1}=(5\sim10)I_B$；用电压表测 V_B，验证 $V_B=(5\sim10)U_{BE}$。

（2）测定温度变化（20℃和80℃）时静态电流 I_C 的变化情况

本实验中，仿真温度设置为 20℃和 80℃，分析方法设置为静态工作点分析。

采用分压式偏置放大电路后，温度变化对静态电流 I_C 的影响大大降低。两种温度下静态电流 I_C 的温度扫描结果如图 7-54 所示。

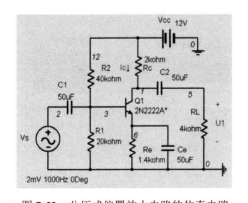

图 7-53　分压式偏置放大电路的仿真电路

分压式偏置
放大电路视频

| @qq1[ic], Temperature=20 | 2.03917m | |
| @qq1[ic], Temperature=80 | 2.13798m | |

图 7-54　静态电流 I_C 的温度扫描结果

（3）测定温度变化时（20℃和80℃）输出电压 u_1 的波形

温度扫描分析方法设置为暂态分析，输出变量设置为节点 5。

如图 7-55 所示，对比 20℃和 80℃时的输出电压 u_1 波形，可以看出温度变化时，输出电

压 u_1 的波形保持不失真，幅度略有变化。

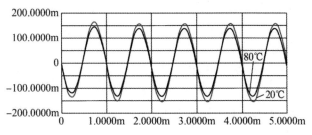

图 7-55 20℃和80℃时的输出电压波形

实验 7　积分和微分电路

【实验目的】

（1）了解积分电路的应用知识，观测、验证积分电路特性；
（2）了解微分电路的应用知识，验证微分电路特性。

【实验原理】

积分电路如图 4-19 所示，$u_o(u_C)=-\dfrac{1}{RC}\displaystyle\int u_i\mathrm{d}t$，当 u_i 为阶跃电压时，电容 C 的充电电流为恒定值，积分电路的输出电压 u_o 将随时间成线性变化。当 u_i 为方波电压时，输出电压为三角波。

微分电路是积分电路的逆运算电路，将积分电路中的电阻和电容调换位置，并选取比较小的时间常数可获得微分电路，电路如图 4-18 所示。该电路的输入与输出关系为：$u_o(u_R)=-RC\dfrac{\mathrm{d}u_i}{\mathrm{d}t}$。

【实验内容与步骤】

1．积分电路实验

积分电路的仿真电路如图 7-56 所示。

（1）将开关 J_1 接短路线端（输入电压为零），改变电阻 R_1 的阻值分别为 22kΩ 和 23kΩ，观测积分误差情况。

积分电路
视频

（2）先接通仿真开关，再将开关 J_1 由短路线端合向方波电源端，在方波电压作用下，利用示波器观测输出电压波形。

当调节电阻 R_1 的阻值为 22.1349kΩ 时，输出电压近似为零，从而消除积分误差。利用示波器可观测到输出电压波形，如图 7-57 所示。

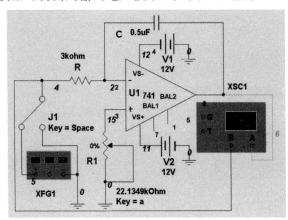

图 7-56　积分电路的仿真电路

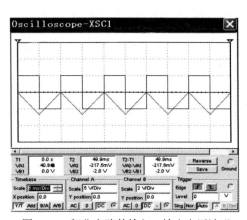

图 7-57　积分电路的输入、输出电压波形

2. 微分电路实验

微分电路的仿真电路如图 7-58 所示。

由于微分电路对高频噪声特别敏感，因此需要在微分电路前加一电阻 R_i，以消除高频噪声的影响。

微分电路视频

（1）将开关 J_1 接短路线端（输入电压为零），闭合仿真开关，利用示波器可观测到输出电压近似为零；

（2）再将 J_1 转接直流电源端（微分电路接入阶跃电压信号），此时利用示波器可观测到输出电压的波形。

（3）若将开关 J_1 在直流电源端和短路线端之间快速转换，可得到微分电路在连续矩形波电压作用下的输出电压波形，如图 7-59 所示。

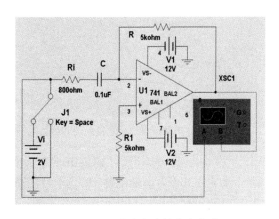

图 7-58　微分电路的仿真电路

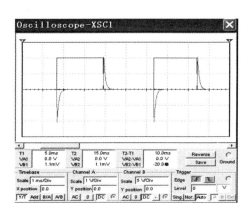

图 7-59　微分电路的输入、输出电压波形

实验 8　桥式整流滤波电路的输出特性

【实验目的】

观测并验证桥式整流滤波电路输入、输出电压之间的大小关系和波形。

桥式整流滤波
电路视频

【实验原理】

桥式整流电路由 4 个二极管接成电桥的形式构成，利用二极管的单向导电性，4 个二极管两两交替导通，使得交流信号变成单相脉动直流信号，输出电压波形如图 7-60 所示，设 $u=\sqrt{2}\,U\sin\omega t$，整流后电压的平均值为

$$U_o=\frac{1}{2\pi}2\int_0^\pi \sqrt{2}U\sin\omega t\mathrm{d}(\omega t)=\frac{\sqrt{2}}{\pi}U=0.9U$$

再利用电容的充、放电，改善输出电压的脉动程度，如图 7-61 所示。滤波后输出电压的脉动程度与电容的放电时间常数 R_LC 有关，R_LC 越大，脉动越小，输出电压平均值就越大。为了得到平滑的负载电压，一般取

$$\tau =R_LC\geqslant(3\sim5)\frac{T}{2}$$

式中，T 为交流电源的周期。当桥式整流电路的内阻不太大时，输出电压为

$$U_o\approx1.2U$$

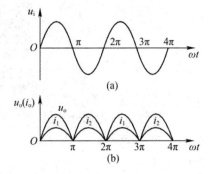

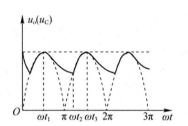

图 7-60　桥式整流电路电压与电流的波形　　　　图 7-61　滤波后 $u_o(u_C)$ 的波形

【实验内容与步骤】

单相桥式整流滤波电路的仿真电路如图 7-62 所示。

（1）观测并验证桥式整流电路输入、输出电压之间的大小关系和输出波形。

断开开关 J，接通仿真开关，利用示波器观测负载电阻 R_L 的电压波形；同时，利用电压表测出负载电阻 R_L 的电压值 U_o，并验证 $U_o \approx 0.9U$ 近似成立。

（2）观测并验证桥式整流滤波电路输入、输出电压之间的大小关系和输出波形。

闭合开关 J，接入滤波电容 C（满足关系：$R_L C = 4 \cdot \dfrac{T}{2}$），利用示波器观测负载电阻 R_L 的电压波形。同时，利用电压表测出负载电阻 R_L 的电压值 U_o，并验证 $U_o \approx 1.2U$ 近似成立。

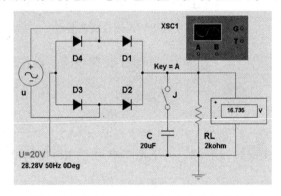

图 7-62　单相桥式整流滤波电路的仿真电路

整流电路输出波形如图 7-63 所示，输出电压为 U_o=16.735V≈0.9U；滤波电路输出波形如图 7-64 所示，输出电压为 U_o=24.654V≈1.2U。

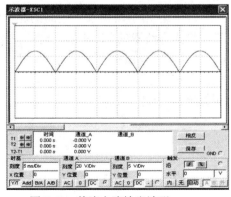

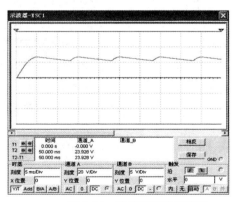

图 7-63　整流电路输出波形　　　　　　　　图 7-64　滤波电路输出波形

实验 9　RC 正弦波振荡电路

【实验目的】

观测并验证 RC 正弦波振荡电路特性。

【实验原理】

正弦波振荡电路用来产生一定频率和幅度的正弦交流信号。它无须外加信号就能自动把直流电转换成具有一定频率和幅度的交流信号，这种现象称为自激振荡。

自激振荡的平衡条件是：$A_u F=1$，如图 7-65 所示，有

$$F = \frac{\dot{U}_f}{\dot{U}_o} = \frac{Z_2}{Z_1 + Z_2} = \frac{\dfrac{R}{1 + j\omega RC}}{R + \dfrac{1}{j\omega C} + \dfrac{R}{1 + j\omega RC}} = \frac{1}{3 + j\left(\omega RC - \dfrac{1}{\omega RC}\right)}$$

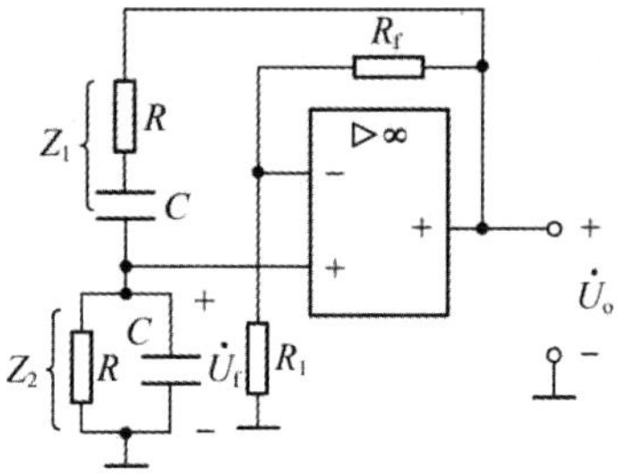

图 7-65　文氏电桥正弦波振荡电路

当 $\omega = \omega_0 = \dfrac{1}{RC}$ 时，输出电压与输入电压同相。振荡电路的振荡频率为

$$f_0 = \frac{1}{2\pi RC}$$

此时幅频特性的幅值为最大，即 $|F|=1/3$，电压放大倍数 $A_u=3$。

根据起振条件，电路起振时，$A_u>3$。对于图 7-65 中的 RC 振荡电路，有

$$A_u > 1 + \frac{R_f}{R_1}$$

也就是说，要建立振荡，就要满足 $R_f>2R_1$。

【实验内容与步骤】

RC 正弦波振荡电路的仿真电路如图 7-66 所示。

根据起振条件：$A_u=1+R_f/R_1>3$，调整电阻 R_f 的大小，利用示波器观察电路的起振情况，从而验证起振条件。将电路调整到合适的振荡状态，改变示波器的 Timebase 参数，拉开波形间距，利用测量指针测出振荡波形一个周期的时间，再换算成振荡频率。

满足起振条件时，RC 正弦波电路的振荡波形如图 7-67 所示。

根据电路振荡频率理论得计算值 $f_0=1592\text{Hz}$，测算值约为 1575Hz。

实验 10　与非门的逻辑功能测试

【实验目的】

测试与非门的逻辑功能。

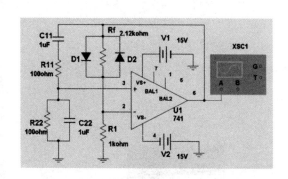

图 7-66　RC 正弦波振荡电路的仿真电路

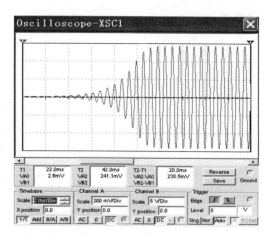

图 7-67　RC 正弦波电路的振荡波形

【实验原理】

实现与非逻辑关系的电路称为与非门电路，简称与非门。与非门的逻辑符号如图 7-68 所示，真值表如表 7-4 所示。与非逻辑关系就是先"与"后"非"，逻辑表达式为

$$Y = \overline{AB}$$

表 7-4

A	B	Y
0	0	1
0	1	1
1	0	1
1	1	0

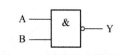

图 7-68　与非门的逻辑符号

【实验内容与步骤】

单击元器件库的 TTL 数字集成电路库，选取"74LS00D"，如图 7-69 所示。

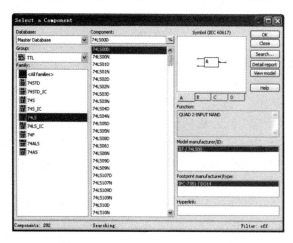

图 7-69　Select a Component 对话框

单击 OK 按钮，弹出如图 7-70 所示的部件条，其中 A、B、C、D 这 4 个按钮表示该 74LS00D 中集成了 4 个独立的与非门部件。

单击其中的 A 按钮，可以放置一个与非门，同时又弹出一个部件条，如图 7-71 所示。图

中 U1 的 A 按钮已经虚化，表示 U1 的第一个与非门已经被调出，可以继续调出其他与非门或者调出新的元器件。

图 7-70　部件条

图 7-71　调出与非门操作

绘制电路图，如图 7-72 所示，输出端的电平用灯泡（X1）指示。

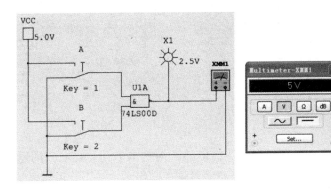

图 7-72　与非门仿真电路

通过控制开关 A、B 就可以验证电路的功能。输出端连接万用表，使与非门的两个输入端为表 7-5 中的情况，读取万用表的数值，并填入表 7-5 中。灯泡点亮表示输出端为 1，灯泡熄灭表示输出端为 0。

表 7-5

输入端		输出端	
A	B	电位/V	逻辑状态
0	0	5	1
0	1	5	1
1	0	5	1
1	1	0	0

【思考题】

用其他 2 输入的逻辑门替代实验电路中的与非门，可实现其他逻辑门电路的功能测试。

实验 11　三人表决电路

【实验目的】

了解三人表决电路（与或形式）的构成，验证电路的逻辑功能。

【实验原理】

三人表决电路满足如下功能：当表决某一提案时，两人或两人以上同意，提案通过；两人以下同意，提案不通过。其真值表见表 7-6。

实现该功能的逻辑表达式（与或形式）为：$Y = AB\overline{C} + A\overline{B}C + \overline{A}BC + ABC$

三人表决
电路视频

表 7-6

A	B	C	Y	A	B	C	Y
0	0	0	0	1	0	0	0
0	0	1	0	1	0	1	1
0	1	0	0	1	1	0	1
0	1	1	1	1	1	1	1

【实验内容与步骤】

演示三人表决仿真电路（与或形式）的工作情况，验证如图 7-73 所示电路的逻辑功能。

输入变量 A、B、C 可以分别通过开关 J1、J2 和 J3 选择输入"1"或"0"。J1、J2、J3 向上连接时，输入高电平；向下连接时为低电平。指示灯 X1 发光时，表示输出高电平；指示灯 X1 不发光时，表示输出低电平。

实验结果表明，电路能够实现预期的逻辑功能。

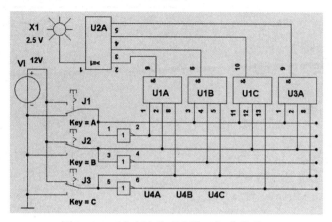

图 7-73　三人表决仿真电路（与或形式）

实验 12　74LS138N 译码器实现逻辑式

【实验目的】

验证译码器 74LS138N 的逻辑功能。

【实验原理】

逻辑式可用门电路（构成逻辑图）来实现。此外，也可用译码器来实现。由表 7-7 可以得到 74LS138N 译码器的逻辑式为

$$\overline{Y_0} = \overline{\overline{A}\,\overline{B}\,\overline{C}} \qquad \overline{Y_1} = \overline{\overline{A}\,\overline{B}\,C} \qquad \overline{Y_2} = \overline{\overline{A}\,B\,\overline{C}} \qquad \overline{Y_3} = \overline{\overline{A}\,B\,C}$$

$$\overline{Y_4} = \overline{A\,\overline{B}\,\overline{C}} \qquad \overline{Y_5} = \overline{A\,\overline{B}\,C} \qquad \overline{Y_6} = \overline{A\,B\,\overline{C}} \qquad \overline{Y_7} = \overline{A\,B\,C}$$

输出结果包括 3 位二进制代码的全部 8 个最小项，任何一个逻辑函数都可以化成若干最小项之和的形式。

表 7-7

使能	控制		输入			输出							
G_1	$\overline{G_2}$	$\overline{G_3}$	C	B	A	$\overline{Y_0}$	$\overline{Y_1}$	$\overline{Y_2}$	$\overline{Y_3}$	$\overline{Y_4}$	$\overline{Y_5}$	$\overline{Y_6}$	$\overline{Y_7}$
0	×	×											
×	1	×	×	×	×	1	1	1	1	1	1	1	1
×	×	1											
1	0	0	0	0	0	0	1	1	1	1	1	1	1
1	0	0	0	0	1	1	0	1	1	1	1	1	1
1	0	0	0	1	0	1	1	0	1	1	1	1	1
1	0	0	0	1	1	1	1	1	0	1	1	1	1

使能	控制		输入			输出							
G_1	$\overline{G_2}$	$\overline{G_3}$	C	B	A	$\overline{Y_0}$	$\overline{Y_1}$	$\overline{Y_2}$	$\overline{Y_3}$	$\overline{Y_4}$	$\overline{Y_5}$	$\overline{Y_6}$	$\overline{Y_7}$
1	0	0	1	0	0	1	1	1	1	0	1	1	1
1	0	0	1	0	1	1	1	1	1	1	0	1	1
1	0	0	1	1	0	1	1	1	1	1	1	0	1
1	0	0	1	1	1	1	1	1	1	1	1	1	0

注：×表示任意态。

【实验内容与步骤】

用 74LS138N 译码器实现逻辑式　　　　$Y=AB+BC+CA$

将逻辑式用最小项表示为

$$Y=AB+BC+CA=\overline{A}BC+A\overline{B}C+AB\overline{C}+ABC$$

将输入变量 A、B、C 分别接单刀双掷开关，使 74LS138N 译码器的输入端 A、B、C 分别输入 "0" 或 "1"，因此得出 $Y=Y_3+Y_5+Y_6+Y_7=\overline{\overline{Y_3}\cdot\overline{Y_5}\cdot\overline{Y_6}\cdot\overline{Y_7}}$。用 74LS138N 译码器实现逻辑式 $Y=AB+BC+CA$ 的仿真电路如图 7-74 所示。

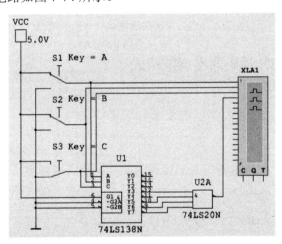

图 7-74　用 74LS138N 译码器实现逻辑式的仿真电路

输入变量 A=1、B=1、C=0，仿真结果 Y=1，此电路完成了 $Y=AB+BC+CA$ 的功能。读者可以验证其他情况。

实验 13　智力竞赛抢答电路

智力竞赛抢答
电路视频

【实验目的】

了解智力竞赛抢答电路的构成，验证电路的逻辑功能。

【实验原理】

智力竞赛抢答电路供 4 个参赛组使用。当某组按下抢答开关时，该组的指示灯发光且蜂鸣器鸣叫。每次抢答，只有最先接通开关者可获成功，其他组再按下抢答开关，将不再起作用。

【实验内容与步骤】

演示智力竞赛抢答仿真电路的工作情况，验证如图 7-75 所示电路的逻辑功能。

智力竞赛抢答电路可供 A、B、C、D 共 4 组使用，各参赛组可以分别通过开关 JA、JB、JC 和 JD 输入抢答信号。将开关 JA、JB、JC、JD 扳向左侧时为参加抢答，抢答成功者，对应的指示灯发光（LEDA、LEDB、LEDC、LEDD），同时蜂鸣器发出鸣叫。

实验结果表明，该电路能够实现预期的逻辑功能。

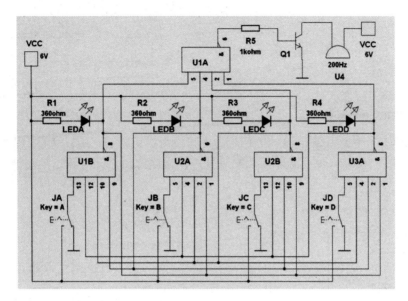

图 7-75   智力竞赛抢答仿真电路

实验 14   555 定时器的应用

【实验目的】

（1）观测 555 单稳态触发器触发脉冲与输出波形关系，了解其工作过程；

（2）观测 555 多谐振荡器的输出电压波形，了解其工作过程。

【实验原理】

单稳态触发器是只有一个稳态的触发器。它的特点是：在外来触发信号的作用下，电路能够由稳态（如"0"态）翻转成暂稳态（如"1"态），暂稳态维持一定时间后，又自动返回稳态。

将 555 定时器的 $\overline{\text{TR}}$ 端作为触发信号 u_I 的输入端，555 定时器内部放电三极管 VT 的集电极通过电阻 R 接 V_CC 组成一个反相器，其发射极通过电容 C 接地，便组成了如图 7-76 所示的单稳态触发器，R 和 C 为定时元件。为了提高电路的稳定性，常在 5 脚控制端对地接一个滤波电容 C_1，通常大小为 $0.01\mu F$。

没有加触发信号时，u_I 为高电平 U_IH，$u_\text{O}=U_\text{OL}$。外加触发信号（即当输入信号 u_I 由高电平 U_IH 发生跳变到低电平时），电路进入暂稳态，$u_\text{O}=U_\text{OH}$。在暂稳态期间，随着 C 的充电，电容 C 上的电压 u_C 逐渐升高，当 u_C 上升到 $u_\text{C} \geqslant (2/3)V_\text{CC}$ 时，此时 $u_\text{O}=U_\text{OL}$，同时三极管 VT 导通，电容 C 经 VT 迅速放电完毕，使得 $u_\text{C} \approx 0$，电路返回稳态。单稳态触发器的工作波形如图 7-77 所示。

单稳态触发器输出的脉冲宽度 t_w 为暂稳态维持的时间，它实际上为电容 C 上的电压由 0 充到 $(2/3)V_\text{CC}$ 所需时间，可用下式估算：$t_\text{w}=RC\ln3 \approx 1.1RC$。

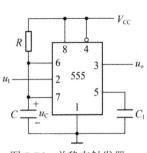

图 7-76　单稳态触发器

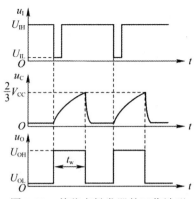

图 7-77　单稳态触发器的工作波形

多谐振荡器是一种产生矩形波的电路。由于它没有稳定状态，所以又称为无稳态触发器。多谐振荡器如图 7-78 所示，不需外接触发信号，接通电源后，即可输出矩形波，工作波形如图 7-79 所示。

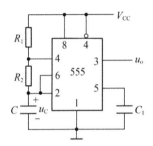

图 7-78　多谐振荡器

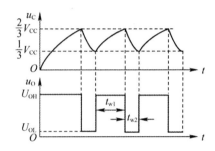

图 7-79　多谐振荡器的工作波形

多谐振荡器的振荡周期 T 为

$$T = t_{w1} + t_{w2} \approx 0.7(R_1 + 2R_2)C$$

【实验内容与步骤】

（1）测试 555 单稳态触发器触发脉冲与输出波形的关系，验证暂稳态持续时间 t_w。

单击混合元器件库按钮 **MISC**，选择 TIMER 组件，选择 LM555CM，如图 7-80 所示，单击 OK 按钮，调出 555 定时器，搭建单稳态触发器仿真电路，用示波器观察输入和输出的波形，如图 7-81 所示。

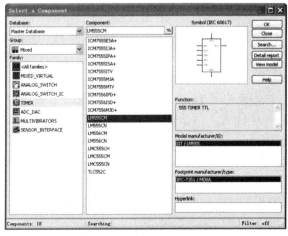

555 单稳态
触发器视频

图 7-80　选择 LM555CM

设置方波信号源的频率为800Hz，占空比为90%，如图7-82所示，用示波器观测触发脉冲和输出电压波形（也可观测电容电压波形）。

利用测量指针，测出暂稳态持续时间 t_w（输出波形宽度）。

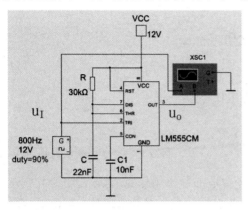

图 7-81　555 搭建单稳态触发器的仿真电路　　　　图 7-82　方波信号源的参数设置

触发脉冲和输出电压波形如图7-83所示。在 t_1 时刻，输入低电平触发脉冲，将触发器置"1"，电路进入暂稳态，此后触发器保持"1"不变，直到暂稳态结束，触发器输出"0"。当下一个触发脉冲出现时，电路再次进入暂稳态。暂稳态持续时间的理论计算值 $t_w \approx 0.726$ms，实测值 $t_w \approx 0.727$ms。

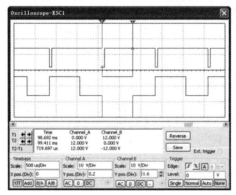

图 7-83　触发脉冲和输出电压波形

（2）测试 555 多谐振荡器的输出电压波形，验证输出电压矩形波的振荡周期 T。

如图7-84所示，用示波器观测输出电压波形和电容电压波形。利用测量指针，测量输出电压矩形波的振荡周期 T。

输出电压波形和电容电压波形如图7-85所示。输出电压矩形波的振荡周期的理论计算值 $T = t_{w1} + t_{w2} \approx 0.7(R_1 + 2R_2)C = 2.8$ms，实测值 $T \approx 2.8$ms。

555 多谐
振荡器视频

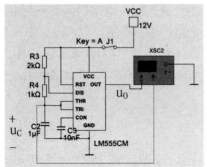

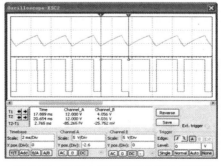

图 7-84　555 构成多谐振荡器的仿真电路　　　图 7-85　输出电压波形和电容电压波形

7.4 EveryCircuit 仿真实验

实验 1 分压式偏置放大电路的性能分析

【实验目的】

（1）调整并测量分压式偏置放大电路的静态工作点；

（2）测算分压式偏置放大电路的动态性能。

【实验原理】

1. 放大电路的静态工作点

放大电路正常放大的前提是不失真，而选择合适的静态工作点 Q 是信号放大不失真的重要保证。一般情况下，要使放大电路产生的非线性失真最小，动态范围最大，Q 点必须选择在放大电路交流负载线的中点。若 Q 点过高，易引起饱和失真；若 Q 点过低，易引起截止失真。描述静态工作点的参数一般是指 I_{BQ}、I_{CQ}、U_{CEQ} 等。静态工作点的调整，通常是在放大电路的上偏置电路中设置一个阻值适当的电位器，通过改变电位器的阻值来改变上述参数，以满足放大电路的工作要求。

2. 放大电路的性能指标

在设计一个放大电路时，不仅要考虑选择一个最佳静态工作点，同时应考虑放大电路的主要指标：电压放大倍数 A_u、输入电阻 R_i、输出电阻 R_o 等。

（1）电压放大倍数 A_u

放大电路的电压放大倍数是输出电压 u_o 与输入电压 u_i 的比值，即 $A_u = \dfrac{u_o}{u_i}$，在输出电压不失真的条件下测出两个电压，即可求得 A_u。放大倍数的测量分为有载和空载两种情况。

（2）输入电阻 R_i

当放大电路的输入端接有信号源时，放大电路总要从其输入端的信号源获取电流，从这个意义上说，放大电路相当于信号源的负载，这个负载就是放大电路的输入阻抗。在低频情况下，输入阻抗近似纯电阻，称为输入电阻 R_i。输入电阻的测试原理如图 7-86 所示，R_S（取样电阻）、u_S、u_i 为已知。显然，有

$$R_i = \frac{u_i}{i_i} = \frac{u_i}{u_S - u_i} R_S$$

（3）输出电阻 R_o

放大电路在工作时，其输出端要带上一定的负载。对于负载，放大电路相当于一个由电压 E_0 和内阻 R_o 组成的信号源，如图 7-87 所示，R_o 称为放大电路的输出电阻。R_o 越小，放大电路的输出等效电路就越接近于恒压源，带负载能力就越强。输出电阻的测试原理如图 7-87 所示，在放大电路的输入端输入 u_i，分别测出 u_o（空载）和 u_{oL}（有载）的输出电压值，则：

$$u_{oL} = \frac{R_L}{R_o + R_L} u_o, \quad R_o = \left(\frac{u_o}{u_{oL}} - 1 \right) R_L。$$

【实验内容与步骤】

（1）搭建分压式偏置放大电路直流通路的仿真电路，如图 7-88 所示，调节 R_P，使 $V_E = 2.2V$，测量 B、C 极的电位，填入表 7-8，判断此时三极管的状态。

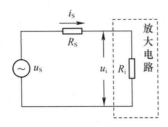

图 7-86 输入电阻的测试原理

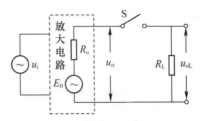

图 7-87 输出电阻的测试原理

表 7-8

V_{EQ}	V_{BQ}	V_{CQ}	三极管工作状态

（2）将有效值为 U_i=50mV，频率为 f=1kHz 的输入信号接入分压式偏置放大电路中，如图 7-89 所示，测量放大电路的动态性能指标，并将结果填入表 7-9、表 7-10 和表 7-11。

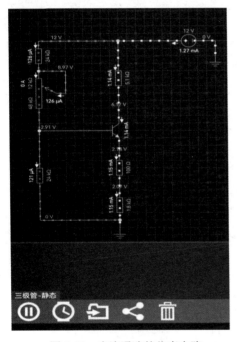

图 7-88 直流通路的仿真电路

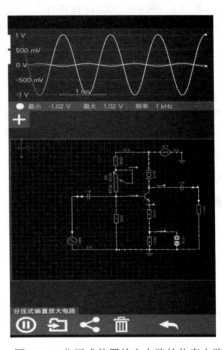

图 7-89 分压式偏置放大电路的仿真电路

表 7-9

测量值			计算值		
U_o（空载，接 C_E）	U_{oL1}（有载，不接 C_E）	U_{oL2}（有载，接 C_E）	A_o（空载，接 C_E）	A_{uL1}（有载，不接 C_E）	A_{uL2}（有载，接 C_E）

表 7-10

已知量		测量值	计算值	
u_S	R_S	u_i	$R_i = \dfrac{u_i}{i_i} = \dfrac{u_i}{u_S - u_i} R_S =$	
U_S=50mV，f=1kHz	5.1kΩ			

表 7-11

测量值		计算值	
U_o （空载，接 C_E）	U_{oL2} （有载，接 C_E）	$R_o=\left(\dfrac{u_o}{u_{oL}}-1\right)R_L=$	

实验 2　集成运算放大器的应用

【实验目的】

（1）搭建并测试典型的集成运算放大器的线性应用电路；

（2）搭建并测试典型的集成运算放大器的非线性应用电路；

（3）灵活运用所学知识，将 RC 正弦波振荡电路与电压比较器结合搭建并测试电路性能。

【实验原理】

1. 集成运算放大器的线性应用

集成运算放大器有负反馈是集成运算放大器工作在线性区的必要条件。集成运算放大器工作在线性区时满足"虚短"和"虚断"的分析依据。典型的线性应用电路有反相比例运算电路、同相比例运算电路、加法电路、减法电路、微分电路和积分电路。

2. 集成运算放大器的非线性应用

集成运算放大器没有反馈，或有正反馈时，集成运算放大器工作在饱和区。集成运算放大器工作在饱和区时满足"虚断"。典型的非线性应用为电压比较器，通过比较输入电压，在输出端可交替输出正、负饱和电压。

3. RC 正弦波振荡电路

RC 正弦波振荡电路是典型的正反馈应用电路，重要的组成部分包含放大电路、正反馈环节、选频网络和稳幅环节。当电路满足起振条件后，电路开始振荡，直至达到平衡振荡条件，在输出端自动输出一定频率和一定幅值的正弦交流信号。

【实验内容与步骤】

（1）搭建如图 7-90 所示的反相比例运算电路的仿真电路，将测量值填入表 7-12。

表 7-12

理论值	V_i/V	-0.8	-0.2	0.2	0.8	2
	V_o/V					
测量值	V_i/V					
	V_o/V					
	A_f（测算值）					

（2）搭建如图 7-91 所示的加法电路的仿真电路，将测量值填入表 7-13。

表 7-13

理论值	V_{i1}/V	0.3	-0.3	0.3	-0.3
	V_{i2}/V	0.2	0.2	-0.2	-0.2
	V_o/V				
测量值	V_{i1}/V				
	V_{i2}/V				
	V_o/V				

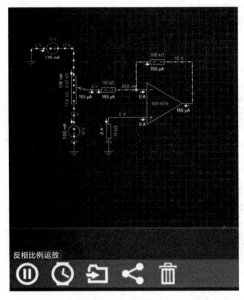

图 7-90 反相比例运算电路的仿真电路

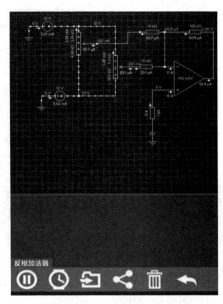

图 7-91 加法电路的仿真电路

（3）按照图 7-92 连接积分电路，输入峰峰值为 4V、频率为 500Hz 的方波，观察并记录 u_i、u_o 的波形，并在图 7-93 中画出（要求：记录两个周期）。

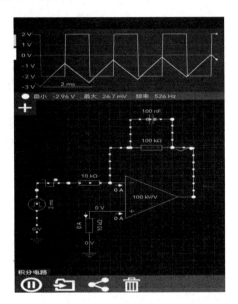

图 7-92 积分电路的仿真电路

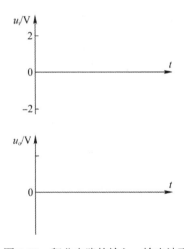

图 7-93 积分电路的输入、输出波形

（4）按照图 7-94(b)连接 RC 正弦波振荡电路和电压比较器，参照图 7-94(a)调整仿真速度为 10ms/s，只需摇动手机给电路一个起始的扰动信号，电路即可起振，观察并记录 u_i、u_o 波形，并在图 7-94(c)中画出（要求：记录两个周期）。

实验 3　数字抢答器的设计

【实验目的】

（1）掌握门电路的逻辑关系及使用方法；

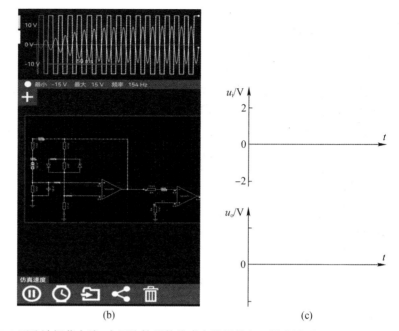

(a)   (b)   (c)

图 7-94　RC 正弦波振荡电路+电压比较器的仿真电路及输入、输出波形

（2）掌握 RS 触发器的逻辑关系及使用方法；

（3）学会电路的初步设计，会设计三人抢答器。

【实验原理】

1. 设计思路

（1）抢答器的电路应由数字逻辑电路构成；

（2）应有对应的抢答开关电路，以实现产生抢答信号（"0"或"1"）；

（3）应有一个记忆存储电路完成抢答信号的记忆，实现在人放开抢答开关后仍能保持抢答状态不变；

（4）应有一个逻辑锁定电路，以实现在一人率先抢答后锁定后续其他人的抢答无效；

（5）应有抢答后复位和相应的显示提示功能。

2. 数字抢答器设计方案

数字抢答器设计方案如图 7-95 所示。

图 7-95　数字抢答器设计方案

【实验内容与步骤】

（1）搭建两路抢答电路，调节发光二极管的工作电压为 2V，工作电流为 5mA，电路搭建如图 7-96 所示。

（2）搭建两路既能抢答又能锁定的电路，电路搭建如图 7-97 所示。

（3）按照图 7-98 所示的三人抢答器的原理设计电路连接仿真电路，电路搭建如图 7-99 所示。

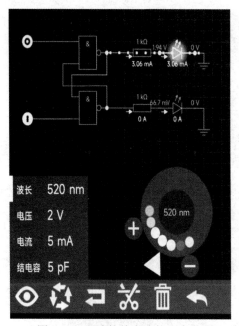

图 7-96　两路抢答电路的仿真电路

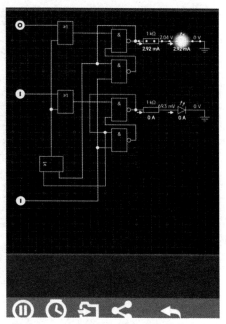

图 7-97　两路抢答加锁定电路的仿真电路

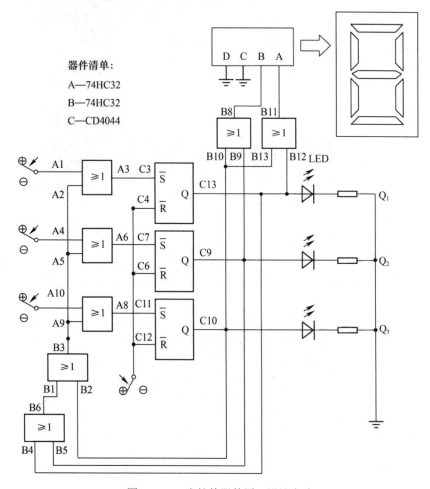

图 7-98　三人抢答器的原理设计电路

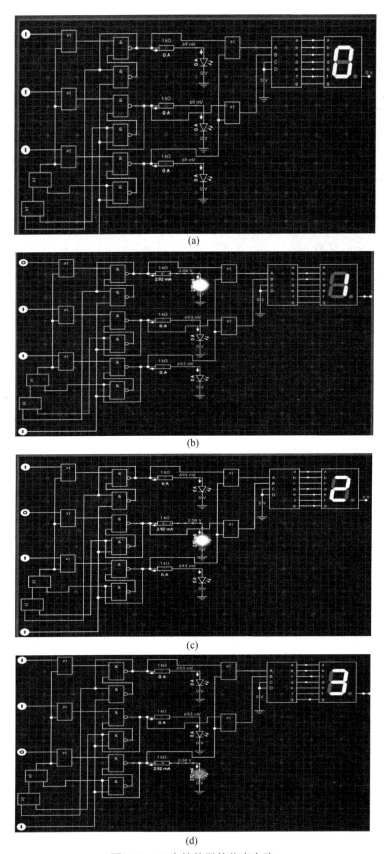

图 7-99　三人抢答器的仿真电路

实验 4 三人表决电路

【实验目的】
（1）掌握门电路的逻辑关系及使用方法；
（2）掌握组合逻辑电路的设计方法；
（3）掌握限定条件下电路的初步设计与实现。

【实验原理】
三人表决电路满足如下功能：当表决某一提案时，两人或两人以上同意，提案通过；当两人以下同意时，提案不通过。其真值表见表 7-14。

实现该功能的逻辑表达式（与或形式）为

$$Y_1 = AB\bar{C} + A\bar{B}C + \bar{A}BC + ABC = \overline{\overline{AB} \cdot \overline{BC} \cdot \overline{AC}}$$

如果加限定条件，即设定一个主评委 A，三人表决电路满足如下功能：当表决某一提案时，两人或两人以上同意，提案通过，但限定条件是，主评委必须同意；当两人以下同意时，提案不通过。其真值表见表 7-15。

实现该功能的逻辑表达式（与或形式）为

$$Y_2 = AB\bar{C} + A\bar{B}C + ABC = \overline{\overline{AB} \cdot \overline{AC}}$$

表 7-14

A	B	C	Y_1
0	0	0	0
0	0	1	0
0	1	0	0
0	1	1	1
1	0	0	0
1	0	1	1
1	1	0	1
1	1	1	1

表 7-15

A（主评委）	B	C	Y_2
0	0	0	0
0	0	1	0
0	1	0	0
0	1	1	0
1	0	0	0
1	0	1	1
1	1	0	1
1	1	1	1

【实验内容与步骤】
用 EveryCircuit 电路仿真软件演示三人表决电路（与非形式）的工作情况，原理电路如图 7-100（a）所示，仿真电路如图 7-101（a）所示。加主评委限定条件的原理电路如图 7-100（b）所示，仿真电路如图 7-101（b）所示。

在仿真电路中，输入变量 A、B、C 可以分别通过开关选择输入"1"或"0"。当开关输入高电平时，输入端圆圈里显示"1"；当开关输入低电平时，输入端圆圈里显示"0"。输出结果通过 LED 指示灯显示，LED 发光，表示输出高电平；LED 不发光，表示输出低电平。

实验结果表明，电路能够实现预期的逻辑功能。

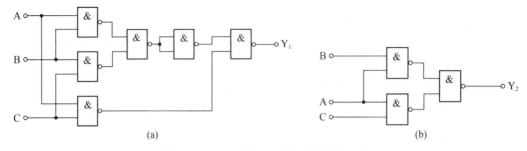

图 7-100　三人表决与非形式的原理电路

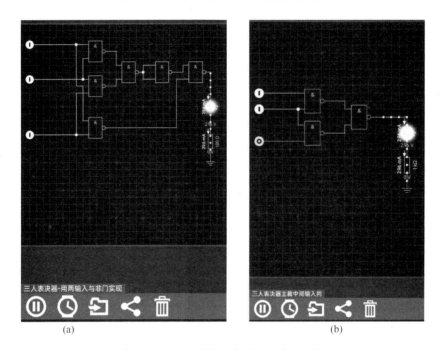

图 7-101　三人表决与非形式的仿真电路

第8章 面包板实验

面包板的
使用视频

8.1 面包板的准备

面包板是一种多用途的、免焊接的万能实验板，可以将小功率的常规电子元器件直接插入面包板，搭建出各种各样的实验电路，方便初学者使用。面包板既可以用来测试一些新的元器件性能，又可以用来测试某一新设计的电路模型，也可以用来为排除电路故障而迅速搭建各种测试电路。

面包板的得名可以追溯到真空管电路的年代，当时的电子元器件体积都较大，人们通常通过图钉或螺钉将它们固定在一块切面包用的木板上并进行连接，如图8-1所示。后来电子元器件的体积越来越小，人们有了更好的方法搭建电路了，如图8-2所示，但面包板的名称沿用了下来。

图8-1 面包板的由来

图8-2 用面包板搭建的实验电路

面包板的大小和规格很多，常见的有830孔、400孔和170孔等，如图8-3所示。面包板使用热固性酚醛树脂制造，板底有金属条，如图8-3（d）所示［这些金属条的间距为0.1英寸（2.54mm）］一侧带有弹性的金属引脚，便于紧紧咬合插在面包板上电子元器件的引脚。

以830孔面包板为例，如图8-3（a）所示，面包板的正面中间位置有一条凹槽，便于集成电路芯片等体积大的元器件的插接，凹槽上下对称分布着插孔，5个插孔为一组，即左右两侧编号a、b、c、d、e为一组，f、g、h、i、j为一组，每5个插孔用一条金属条连接，撕开面包板背部粘贴，显露出一排排金属条，元器件插入孔中时能够与金属条接触，从而达到导电的目的。面包板上下两侧各有两排电源插孔，分别标注为"＋""－"，每排10组，每组5个插孔，10组金属条连在一起，一般情况下，分别将这两排对应接在电源的"＋""－"极，为面包板上的元器件供电。

400孔面包板相对小巧，但结构与830孔面包板完全相同，并且所有同类型的面包板之间，可以根据需求相互拼接，如图8-3（b）所示。170孔面包板更加精致，与830孔和400孔面包板不同的是，170孔面包板没有单独留出两排电源插孔，但可以根据电路情况灵活插接。

面包板在使用过程中，需要放置在平整的桌面上，底部不能悬空，否则，各组插孔容易从底面脱出。

(a) 830孔面包板

(b) 400孔面包板

(c) 170孔面包板

(d) 金属条

图 8-3　面包板的外观

8.2　面包板实验案例

电容充放电
显示电路视频

实验 1　电容充放电显示电路

这是一个电容充放电显示电路，电路原理图如图 8-4 所示，其面包板实物图如图 8-5 所示。电路的左半部分由开关 S_1、电阻 R_1、发光二极管 LED_1 和电解电容 C_1 组成充电回路。当 S_1 闭合时，电源通过 R_1、LED_1 向 C_1 充电，在接通电源瞬间，由于 C_1 中没有初始储能，其两端电压为零，这时通过 LED_1 的电流最大，发光亮度最大。R_1 具有限流作用，阻碍电源向电容充电，R_1 越大，LED_1 的瞬间电流越小，但发光时间延长，也就是电容的充电时间越长。随着时间的推移，电容逐渐充满电荷，充电电流逐渐减小，LED_1 逐渐熄灭。

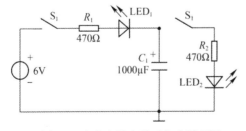
图 8-4　电容充放电显示电路原理图

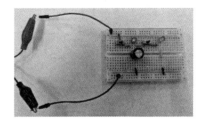
图 8-5　电容充放电显示电路面包板实物图

电路的右边部分由开关 S_2、电阻 R_2、发光二极管 LED_2 和电解电容 C_1 组成放电回路。当 C_1 充满电后，断开 S_1，此时 C_1 与电源脱离，电路处于零输入响应，闭合 S_2，LED_2 开始点亮发光，表明 C_1 开始放电，该实验表明电容是储能元件。C_1 放电时，随着存储电荷不断减少，其两端电压也迅速降低，放电电流随之按指数规律急剧减少，LED_2 的亮度也由最亮迅速变暗并最终熄灭。C_1 越大且 R_2 越大，C_1 的放电时间就越长，LED_2 点亮的持续时间就越长。

通过以上的分析可知，限流电阻 R_1（或 R_2）与电容 C_1 两者的乘积，即 RC 越大，充放电所用的时间也越长，因此把 RC 称为充放电时间常数，用希腊字母 τ 来表示，即

$$\tau = RC$$

式中，电阻的单位为 Ω，电容的单位为 F，τ 的单位为 s。这个定理广泛应用于各种一阶 RC 充放电电路中。

实验 2　声控 LED 闪烁灯

这是一个通过声音控制 LED 闪光的电路，电路原理图如图 8-6 所示，其面包板实物图如图 8-7 所示。它由驻极体话筒(MIC)、三极管和发光二极管(LED)等组成。本实验中选用的 MIC，电阻 R_1 是它的供电偏置电阻，当 MIC 接收到声音信号后，转换成微弱的电信号，经电解电容 C_1 送至三极管 VT_1 的基极进行放大。VT_1、VT_2 组成两级直接耦合式放大器，驱动 LED 发光。选择合适的电路参数，当无声音信号输入时，VT_1 刚好处于饱和导通状态，VT_1 的集电极也就是 VT_2 的基极为低电平，所以 VT_2 处于截止状态，LED 不发光。当 MIC 拾取到声音信号后，就有音频信号加入 VT_1 的基极，该信号将使 VT_2 的基极电位升高，VT_2 导通，LED 点亮发光。当输入信号较弱时，不足以使 VT_1 退出饱和区，LED 仍处于熄灭状态。当有较强信号时，LED 才点亮发光。

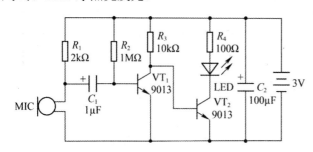

图 8-6　声控 LED 闪烁灯电路原理图

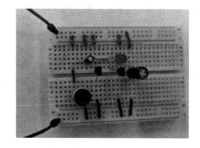

图 8-7　声控 LED 闪烁灯面包板实物图

实验 3　温度报警电路

这是一款温度报警电路，电路原理图如图 8-8 所示，其面包板实物图如图 8-9 所示。电路由温度传感器 LM35、双运算放大器 LM358（其中一个放大器工作在线性区，另一个放大器工作在非线性区）、三极管 VT_1、扬声器、LED 和电阻组成。

温度报警
电器视频

通过滑动变阻器 103 调节输出电压为 3V，该电压作为参考电压送到 LM358 的引脚 6。温度传感器 LM35 的引脚 1 接电源，引脚 3 接地，引脚 2 是输出端，环境温度变化 1℃，输入变化 10mV。室温下，通常 LM35 的输出信号在 0.25V 左右，该数值比较小，需经过由 LM358、10kΩ 电阻、1kΩ 电阻构成的同相比例放大电路，输出比原来大 11 倍左右的电压信号。将该信号送到 LM358 的另一个放大器所构成的电压比较器的同相输入端，即引脚 5，与参考电压 3V 进行比较。当环境温度为室温 25℃时，同相比例放大电路的输出电压约为 2.75V，与 3V 参考电压进行比较，电压比较器输出端即引脚 7 输出低电平，此时三极管 VT_1 处于截止状态，LED

不发光，扬声器不响。当环境温度升高时，引脚 3 的电位不断升高，输出引脚 1 的电位也升高，最终使电压比较器输出高电平，三极管 VT_1 导通，LED 点亮，扬声器鸣响。

如果不经过放大环节直接把信号送到电压比较器的输入端，虽然也可以实现温度报警的功能，但是由于 LM35 的输出电压比较小，只有零点几伏，使用时需要把参考电压调整为 0.3V，两者差距较小，可能会发生误报警的现象。

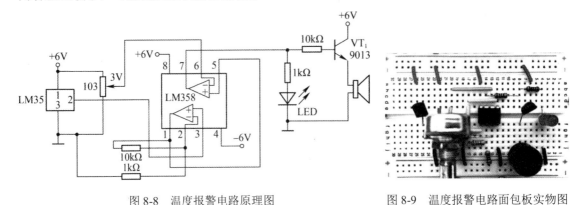

图 8-8　温度报警电路原理图　　　　图 8-9　温度报警电路面包板实物图

实验 4　正弦波和占空比可调的矩形波发生器

这是一个正弦波和方波发生电路，电路原理图如图 8-10 所示，面包板实物图如图 8-11 所示。电路由 RC 正弦波振荡电路和电压比较器组成，电路左侧部分是 RC 正弦波振荡电路，正弦波的频率由 RC 串并联网络中的 R、C 参数决定，本实验电路中，$R=10k\Omega$，$C=0.1\mu F$，通过公式可求出振荡电路的频率为

$$f = \frac{1}{2\pi RC} = 159.2\text{Hz}$$

实际搭建电路时，运放选用 μA741 芯片，二极管 VD_1、VD_2 选用 1N4007，VD_1、VD_2 一正一反并联在 $2k\Omega$ 电阻上，起到稳幅作用。$9.1k\Omega$ 电阻可选用 $22k\Omega$ 或 $10k\Omega$ 的滑动变阻器，调节阻值时，只要能满足电路的起振条件即可，u_{o1} 输出正弦波。电路右侧部分是一个电压比较器，确切地说是一个过零比较器，可以输出方波信号。实物图中的黄色导线位置对应 u_{o1}，通过示波器进行测试，可以观察到输出的正弦波信号，如图 8-12 所示，是一个标准的正弦波曲线。实物图中的蓝色导线位置对应电压比较器的输出 u_{o2}，通过示波器可以观察到输出的是一个方波信号，如图 8-12 所示。通过调换第二级电压比较器同相端和反相端的位置，可以得到一个反相的方波信号，如图 8-13 所示。

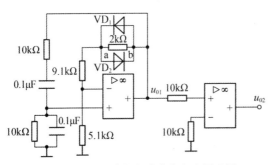

图 8-10　正弦波和方波发生电路原理图

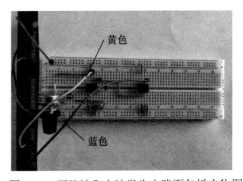

图 8-11　正弦波和方波发生电路面包板实物图

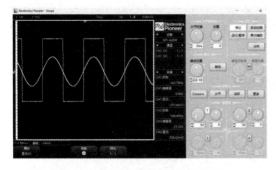
图 8-12　正弦波和方波发生电路示波器测试结果

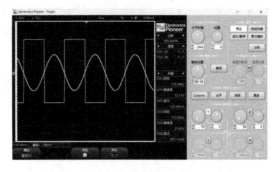
图 8-13　反相方波输出的示波器测试结果

如果想在 u_{o2} 处得到矩形波信号，只需要改变电压比较器的比较电压，通过一个电位器构成的分压电路，改变电位器位置，进而改变参考电压的大小，即可在 u_{o2} 处实现一个占空比可调的矩形波输出，电路原理图如图 8-14 所示，面包板实物图如图 8-15 所示，示波器测试波形如图 8-16（占空比小于 50% 的矩形波）和图 8-17（占空比大于 50% 的矩形波）所示。

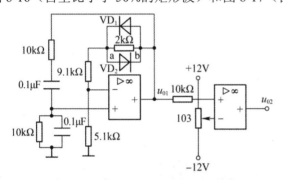
图 8-14　正弦波和矩形波发生电路原理图

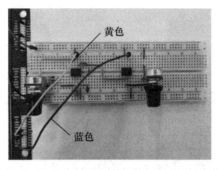
图 8-15　正弦波和矩形波发生电路面包板实物图

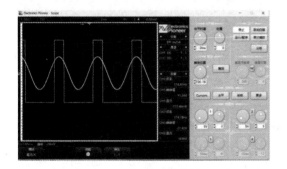
图 8-16　占空比小于 50% 的矩形波的测试结果

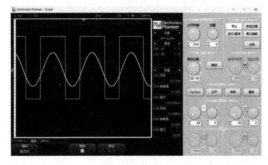
图 8-17　占空比大于 50% 的矩形波的测试结果

实验 5　双色闪光灯

这是一个双色闪光灯电路，可以实现两个发光二极管 LED_1（黄色）、LED_2（红色）交替闪烁，电路原理图如图 8-18 所示，其面包板实物图如图 8-19 所示。电路刚接通电源时，由于电容 C_1 还来不及充电，因此 555 的引脚 2 为低电平，输出端（引脚 3）为高电平，LED_1 截止，不亮，LED_2 两端加有正向电压，点亮。随着电源经过 R_1、R_2 对 C_1 充电，C_1 两端电压逐渐升高，当达到 +6V 的 2/3 时，555 的引脚 3 翻转，输出低电平，从而使 LED_1 点亮，LED_2 熄灭。此时，C_1 通过 R_2 和 555 内部的放电管放电，当 C_1 放电至 +6V 的 1/3 时，555 的引脚 3 再次翻转，LED$_1$熄灭，LED$_2$重新点亮。因此，LED$_1$、LED$_2$就这样轮流导通与截止，闪烁不停。R_3、R_4是发光二极管的限流电阻，C_2可以防止电路受到干扰。改变R_1、R_2和C_1，可以改变LED的闪烁频率。振荡频率为

$$f = 1.44/(R_1 + 2R_2)C_1$$

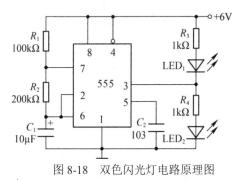

图 8-18　双色闪光灯电路原理图

图 8-19　双色闪光灯面包板实物图

实验 6　预防近视测光指示电路

这是一个预防近视测光指示电路，电路原理图如图 8-20 所示，其面包板实物图如图 8-21 所示。当光线照度符合要求时，LED$_1$（绿色）亮；光线照度低于要求时，则 LED$_2$（红色）点亮并伴随扬声器发声以示警告。

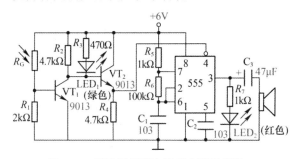

图 8-20　预防近视测光指示电路原理图

图 8-21　预防近视测光指示电路面包板实物图

图 8-20 中，三极管 VT$_1$、VT$_2$组成光控电子开关电路，555 定时器电路接成音频振荡器，R_G为光敏电阻，其阻值随环境光线强弱而变化。当环境光线照度较强时，R_G呈现低电阻，VT$_1$导通，LED$_1$发光，表示环境光线适合阅读书写。此时，VT$_2$截止，VT$_2$发射极为低电平，即 555 定时器的 4 脚也为低电平，555 定时器被强制复位，电路停止振荡，3 脚输出低电平，LED$_2$不亮，扬声器无声。

当环境光线照度较弱时，R_G呈现高电阻，VT$_1$截止，LED$_1$不亮，此时，VT$_2$导通，VT$_2$发射极为高电平，即 555 定时器的 4 脚也为高电平，强制复位解除，电路开始振荡，LED$_2$发光，扬声器发出报警声，说明环境光线太弱，已不适合阅读书写了。若把 R_1电阻改成可调电阻，可以通过调节可调电阻的阻值来改变电路报警的起控点。

实验 7　光敏"百灵鸟"

这是一个光敏"百灵鸟"电路，电路原理图如图 8-22 所示，其面包板实物图如图 8-23 所示。本电路可以在不同光照下，发出忽高忽低的、变幻莫测的鸣叫声，非常有趣。图中 555 和

R_1、R_G、C_1 等组成多谐振荡器，和其他无稳态多谐振荡器的区别是，在充、放电回路中接入一个光敏电阻 R_G。光敏电阻利用光致导电的特性，其阻值会随着照射光的强度而变化，当光照强时阻值小，光照弱时阻值大。本电路利用这一特性，来改变多谐振荡器的充、放电时间常数，从而改变多谐振荡器的频率，频率为

$$f = 1.44/(R_1 + R_G)C_1$$

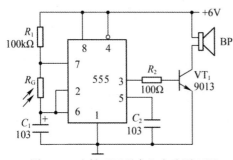

图 8-22　光敏"百灵鸟"电路原理图

图 8-23　光敏"百灵鸟"面包板实物图

555 输出的可变频率信号经过 R_2 限流后，驱动三极管 VT_1 带动扬声器 BP 发出多变的鸣叫声。接好电路后，如果手拿面包板移动，扬声器就会随着移动时光照强度的变化，发出多变的鸣叫声，如果将本电路放置在显示器屏幕前，则扬声器会随着显示图像的变化发出变换无穷的音调。

实验 8　交替闪烁信号灯

这是一个交替闪烁信号灯电路，电路原理图如图 8-24 所示，其面包板实物图如图 8-25 所示。由于电路是对称形式，其产生的振荡波形的占空比为 1:1，输出波形为方波，故称之为对称方波振荡器。

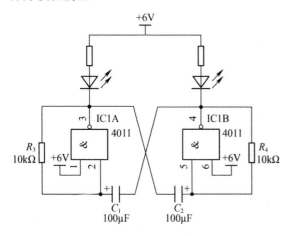

图 8-24　交替闪烁信号灯电路原理图

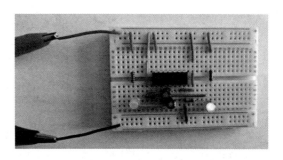

图 8-25　交替闪烁信号灯面包板实物图

在图 8-24 中，IC1A 的输出端（第 3 脚）经过电容 C_2 耦合到 IC1B 的输入端（第 5 脚），同样 IC1B 的输出端（第 4 脚）经过电容 C_1 耦合到 IC1A 的输入端（第 2 脚），IC1A 和 IC1B 虽然是与非门（4011），但由于 IC1A 的第 1 脚和 IC1B 的第 6 脚均接在高电平上，因此可以等效为非门。这样两个非门通过电容 C_1、C_2 互相耦合形成了正反馈闭环电路，两组定时电路 R_3、C_1 和 R_4、C_2 产生延时正反馈信号，去控制非门周期性地开通和关闭。

在电路中，振荡频率主要取决于定时元件的参数，当 $R_3=R_4=R$，$C_1=C_2=C$ 时，则振荡频率的估算公式为

$$f = 1/RC$$

振荡电路的周期约为

$$T = 1/f = RC$$

电容 C_1、C_2 的取值范围较大，电容越大，振荡频率越低。本电路使用 4069 非门也能达到同样的效果。方波非门振荡器的振荡频率主要取决于两组定时电路中 RC 时间常数较小的那一组，因为当它最先完成充、放电过程时，由它所控制的非门输出端的电平发生变化，并由它引起定时电路相关的非门输入端电压的跃变，控制另一个非门提前进入下一个暂稳态，因此方波非门振荡器的频率几乎不受 RC 时间常数较大一组的影响。

实验 9 发光逻辑显示电路

这是一个发光逻辑显示电路，电路原理图如图 8-26 所示，面包板实物图如图 8-27 所示。数字电路中逻辑状态一般分为高电平"1"和低电平"0"两种。逻辑状态的检测结果可由发光二极管来显示，也可用发光逻辑显示电路来显示，还可以用数码管来显示。本实验利用 CD4069 反相器与发光二极管组成发光逻辑显示电路，它可作为数字电路中检测各点逻辑状态的常用工具。

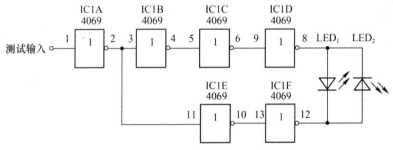

图 8-26 发光逻辑显示电路原理图

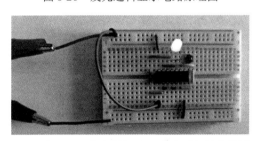

图 8-27 发光逻辑显示电路面包板实物图

CD4069 内含 6 个独立的反相器，本电路将全部利用。其中，IC1A 用作检测信号输入电路，其余用作输入信号处理电路。其中又将其分为两部分，即一部分由 IC1B、IC1C、IC1D 串联组成的与输入信号电平同相的处理电路；另一部分由 IC1E、IC1F 组成的与输入信号电平反相的处理电路。两组信号处理电路即可对信号作相位变换，使其符合测量的相位要求，又可对输入信号进行一定的放大。

从电路图中的逻辑关系看，当被测信号为高电平时，IC1A 的输出端（第 2 脚）为低电平。这一输出分作两路，其中一路通过 IC1B、IC1C、IC1D 的逐级反相，在输出端（第 8 脚）输

出高电平；另一路则通过 IC1E、IC1F 的两级反相，在输出端（第 10 脚）输出低电平。这时，LED₁ 就会发光，LED₂ 熄灭，指示灯被测试点为高电平。

当被测信号为低电平时，通过第二路信号处理电路后所输出的电平相位与被测信号正好相反，即第 12 脚为高电平，第 8 脚为低电平。LED₂ 就会发光，LED₁ 熄灭，指示灯被测试点为低电平。

当被测信号为交替变化的高、低电平（脉冲信号）时，通过检测电路对输入信号的处理，在输出端第 8 脚和第 12 脚就会出现高、低电平交替变换的输出电平，其结果是 LED₁、LED₂ 交替发光，说明被测试点输出的是脉冲，发光变换的速度反映了脉冲频率的高低。

当被测试点输入的脉冲过高时，会出现两个发光二极管同时发光的现象。这是由于人眼的视觉暂留现象和发光二极管的余光共同造成视觉分辨率降低的结果。

实验 10　三人表决电路

这是一个三人表决电路，电路实现的逻辑功能是：当三人就某一事件进行表决时，有两人或两人以上表示同意，则最终通过；否则，不通过。图 8-28 和图 8-29 分别表示两种不同的实现方式，图 8-28 用与、或门实现三人表决功能，图 8-29 用两输入与非门实现三人表决功能，本实验电路采用图 8-29 电路实现，面包板实物图如图 8-30 所示。

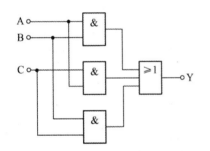

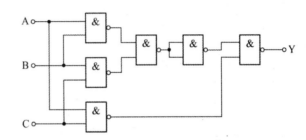

图 8-28　与、或门构成三人表决电路原理图　　　　图 8-29　与非门构成三人表决电路原理图

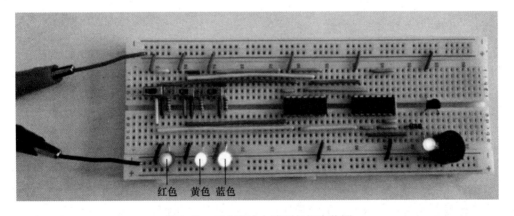

图 8-30　三人表决电路面包板实物图

在图 8-30 中，用红、黄、蓝 3 个发光二极管接开关和电阻构成三人表决器的输入端，接通开关，发光二极管发光，表示对应的人表决"同意"，CD4011 芯片含 4 个两输入与非门，本实验电路用两片 CD4011，表决结果接声光报警电路，当两人以上同意，即输入端有两个以上发光二极管发光时，输出端输出高电平，发出声光报警，表示表决结果通过。

第9章　综合实践项目

项目1　无线电选频模块的设计与制作

【项目背景】

目前飞机电台仍是飞机上重要的无线电设备之一。其中，长波（30～300kHz）电台主要安装在针对地下、水下通信等特殊任务的飞机上；超短波（30～300MHz）电台用于空-空之间、地-空之间近距离的明话通信、密话通信和抗干扰通信；短波（3～30MHz）电台主要安装在轰炸机、运输机上，用于远距离通信。

在航空通信过程中需要传递人耳能听见的声音信号，声音信号是频率比较低的机械波，在空气中的传播速度慢（约为340m/s），衰减很快，不能直接经过天线传播到远方。声音信号可以转换为低频的电信号，但不能直接转化为高频信号，必须借助于比它们频率高很多的无线电波来运载声音信号，这个过程称为调制。调制可以分为调幅（AM）、调频（FM）和调相（PM）三种基本形式，它们分别按照原声音信号的规律改变高频载波的幅度、频率和相位，图9-1是调幅和调频的信号示意图。解调是调制的逆过程，在无线电接收机中，是从接收到的已调制信号中恢复出原低频电信号的过程，即将信号源的信息取出来的过程。对应调制，解调可以分为幅度解调（检波）、频率解调（鉴频）和相位解调（鉴相）。

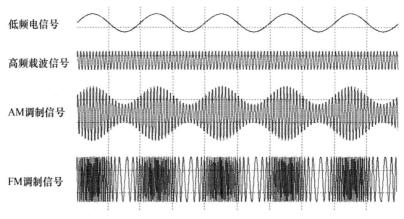

低频电信号

高频载波信号

AM调制信号

FM调制信号

图9-1　调幅和调频的信号示意图

图9-2(a)是TBR-121C型通用超短波调频电台设备，是通用机载通信装备。图9-2(b)是它的电路示意图，其中收发信主机是电台设备的主体。图9-2(b)所示系统可以拆分成如图9-3所示的无线信号发射系统和图9-4所示的无线信号接收系统。下面以该电台为例说明调制和解调的过程。

图9-3所示的无线信号发射系统中，话筒首先把声音信号转换成低频电信号，经音频放大送给发射机内部电路，发射机通过频率调制先把声音信息加载到高频载波信号上，转换为相应的调频无线电信号，并通过天线发射出去。

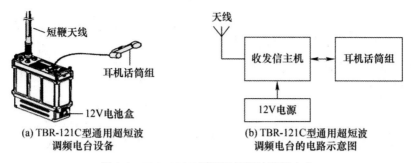

(a) TBR-121C 型通用超短波
调频电台设备

(b) TBR-121C 型通用超短波
调频电台的电路示意图

图 9-2　TBR-121C 型通用超短波调频电台

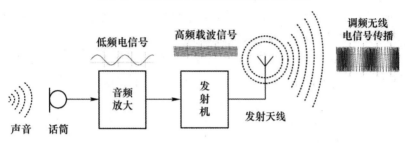

图 9-3　无线信号发射系统

　　图 9-4 所示的无线信号接收系统中，调频无线电信号通过天线接收进来。世界上有许许多多的无线电台、电视台及各种无线电信号，都通过天线接收到调谐电路中，如果不加选择全部送给接收机，必然是一片混乱，分辨不清。因此，首先要从各种无线电信号中把我们需要的信号选出来，通常称为选频。图 9-4 中通过 LC 调谐电路（选频电路）进行选频，接收机再把携带声音信息的信号从高频载波信号中分离出来（即解调），经放大从扬声器播放出声音。

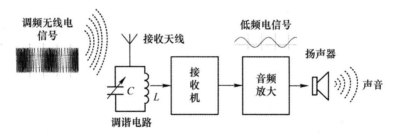

图 9-4　无线信号接收系统

　　以上就是无线电通信的基本原理，本项目在掌握电阻、电感、电容和电源等交流特性的基础上，设计并制作一个简易的 RLC 串联选频电路，通过"调频"和"调参"两种方法实现无线电信号的选择，选出某一特定频率的无线电信号。

【项目目标】

知识目标：

（1）设计并制作 RLC 串联选频电路；

（2）使用示波器和函数信号发生器调试电路，选出特定频率；

（3）测量 RLC 串联选频电路的频率特性；

（4）验证 RLC 串联选频电路的选频条件和电路特点；

（5）学会品质因数的测算。

能力目标：

（1）识读色环电阻、瓷片电容和色环电感；

（2）具备熟练使用万用表、示波器、函数信号发生器等的能力；

（3）提高理论指导实践，用实践验证理论的能力。

素质目标：

遵守电实验操作规程，具有较强的安全意识。

【项目内容】

（1）基本任务

① 电路方案设计。根据所给 RLC 串联选频电路中电阻、电感和电容的参数，计算该无线电选频电路的谐振频率 f_0，说明选频原理。

② 电路搭建与调试。搭建 RLC 串联选频电路，利用"调频法"，借助示波器和函数信号发生器调出电路的固有频率，观察谐振现象，测算谐振参数，测试电路的频率特性并绘制频率特性曲线。

（2）拓展任务

① "调参法"实现电路谐振。设计不同固有频率下的谐振电路参数，并借助示波器和函数信号发生器，检验所设计电路的频率特性。

② 焊接收音机选频电路。通过调试接收不同的电台信号，体会无线电选频电路中"调参法"实现电路谐振。

【评价标准】

项目采用评分量表（见表 9-1）的形式进行考核，主要考核项目的方案设计、操作实施、拓展任务的完成情况，项目进行过程中所呈现出的职业养成情况以及项目结束后的数据处理情况等 5 个方面，每个方面按照项目完成情况结合权重进行打分，最终确定项目得分。

表 9-1　无线电选频模块实践项目评分量表

评分维度	优秀	良好	合格	不合格	评分
方案设计（20%）	1.能够逻辑清晰、层次分明地描述无线电选频电路的工作原理； 2.能准确计算电路固有频率及其他谐振参数； 3.能合理选用实验仪器设备，并十分清楚实验仪器设备操作规范； 4.非常了解实验注意事项。	1.能够描述无线电选频电路的工作原理； 2.能计算电路固有频率及其他谐振参数； 3.能选用实验仪器设备，了解实验仪器设备操作规范； 4.了解实验注意事项。	1.能够描述无线电选频电路的工作原理要点； 2.能借助参考资料计算电路固有频率及其他谐振参数； 3.能选用实验仪器设备； 4.了解实验注意事项。	出现下列情形 3 项以上，该项视为不合格： 1.不能描述无线电选频电路的工作原理； 2.不会或不能准确计算电路固有频率及其他谐振参数； 3.不会选用实验仪器设备； 4.不了解实验注意事项。	
操作实施（50%）	1.能快速、准确并自主连接选频电路，连线布局合理； 2.能够自主、熟练操作实验仪器设备； 3.能够利用"调频法"实现电路谐振； 4.能够合理安排实验操作顺序，按时完成实践项目的测试任务。	1.能自主连接选频电路，连线布局合理； 2.能够自主操作实验仪器设备； 3.能够利用"调频法"实现电路谐振； 4.能够按时完成实践项目的测试任务。	1.能连接选频电路； 2.能操作实验仪器设备； 3.能利用"调频法"实现电路谐振； 4.能完成实践项目的测试任务。	出现下列情形 3 项以上，该项视为不合格： 1.不会连接选频电路； 2.不会操作实验仪器设备； 3.不能利用"调频法"实现电路谐振； 4.不能完成测试任务。	

评分维度	优秀	良好	合格	不合格	评分
拓展任务（10%）	1.能够合理选择和设计电路元件参数； 2.能利用"调参法"实现电路谐振； 3.能自主、合理地选择元器件； 4.能够自主、准确地完成连线和电路调谐，操作过程娴熟。	1.能选择和设计电路元件参数； 2.能实现电路谐振； 3.能选择元器件； 4.能够完成连线和电路调谐。	1.能够设计电路元件参数； 2.能实现电路谐振； 3.能选择元器件； 4.能够完成连线。	出现下列情形 3 项以上，该项视为不合格： 1.不能选择和设计电路元件参数； 2.不能利用"调参法"实现电路谐振； 3.不会选择元器件； 4.不能完成连线，或不会电路调谐。	
数据处理（15%）	1.实验数据合理有效； 2.实验曲线绘制准确； 3.实验误差分析合理； 4.实验建议科学有效。	1.实验数据合理； 2.会绘制实验曲线； 3.会分析实验误差； 4.有实验建议。	1.有实验数据； 2.绘制了实验曲线； 3.有实验误差分析； 4.有实验建议。	出现下列情形 3 项以上，该项视为不合格： 1.实验数据不全或抄袭； 2.实验曲线绘制错误； 3.没有实验误差分析； 4.没有实验建议。	
职业养成（5%）	1.遵守实验室管理规定，有安全用电意识； 2.认真完成实验登记； 3.爱惜实验仪器设备及元器件，设备及元器件完好； 4.爱护实验环境，实验台干净整洁； 5.自主完成实验报告，并能按时提交报告。	1.遵守实验室管理规定； 2.完成实验登记； 3.爱惜实验仪器设备及元器件； 4.实验台干净整洁； 5.自主完成实验报告。	1.遵守实验室管理规定； 2.实验登记有错忘漏； 3.爱惜实验仪器设备及元器件，个别设备或元器件有损坏； 4.实验台整洁； 5.自主完成实验报告，并能按时提交报告。	出现下列情形 3 项以上，该项视为不合格： 1.不遵守实验室管理规定，没有安全用电意识； 2.实验登记有错忘漏； 3.设备或元器件有损坏； 4.不爱护实验环境，实验台脏乱差； 5.实验报告数据有抄袭，或不按时提交报告。	
总分					

【项目原理】

在一定条件下，含有电感和电容的电路，可以呈现电阻性，即整个电路的总电压与总电流同相位，这种现象称为 RLC 电路的谐振。

1. RLC 串联交流电路

RLC 串联交流电路如图 9-5 所示，设加于电路的正弦电压为

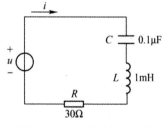

图 9-5 RLC 串联交流电路

$$u=U_m\sin(\omega t+\varphi)$$

其中，U_m 称为振幅，ω 称为角频率，φ 称为初相角，此三项称为正弦交流电的三要素。电路中的稳态电流和各元件上的电压都是与激励同一频率的正弦量。根据基尔霍夫定律，此时电路电压方程的时域形式为

$$u=u_R+u_L+u_C$$

其相量形式为

$$\dot{U}=\dot{U}_R+\dot{U}_L+\dot{U}_C=R\dot{I}+j\omega L\dot{I}-j\frac{1}{\omega C}\dot{I}=\left(R+j\omega L-j\frac{1}{\omega C}\right)\dot{I}=Z\dot{I}$$

式中
$$Z = R + \mathrm{j}\omega L - \mathrm{j}\frac{1}{\omega C} = R + \mathrm{j}\left(\omega L - \frac{1}{\omega C}\right) = R + \mathrm{j}X$$

复数 Z 等于电压相量与电流相量的比值，称为复阻抗。阻抗模和阻抗角分别为

$$|Z| = \sqrt{R^2 + X^2} = \sqrt{R^2 + \left(\omega L - \frac{1}{\omega C}\right)^2}, \qquad \varphi = \arctan\frac{X}{R} = \arctan\frac{\omega L - \dfrac{1}{\omega C}}{R}$$

可见，阻抗模和阻抗角都只与元件参数和电源频率有关，而与电压、电流无关。通过改变 ω、L、C 中的任何一个量值，都可以使电路的性质发生变化。

2．RLC 串联电路的性质

当 $X_L > X_C$ 时，$X > 0$，$\varphi > 0$。整个电路呈现出感性，即总电压超前总电流 φ 角。

当 $X_L < X_C$ 时，$X < 0$，$\varphi < 0$。整个电路呈现出容性，即总电压落后总电流 φ 角。

当 $X_L = X_C$ 时，$X = 0$，$\varphi = 0$。整个电路呈现出电阻性，即总电压与总电流同相。

感抗等于容抗，电路中总电压与总电流同相位的现象称为 RLC 串联电路的谐振。谐振时的频率为

$$f_0 = \frac{1}{2\pi\sqrt{LC}}$$

由上式可以看出，谐振频率只与电路参数有关，因此也称为电路的固有频率。

3．RLC 串联电路谐振的特点

（1）总阻抗模最小，且等于电路中的电阻，即 $|Z_0| = R$。

（2）电路中总电流最大，$I_0 = \dfrac{U}{|Z_0|} = \dfrac{U}{R}$。

（3）电感电压与电容电压的幅值相等，且等于端电压的 Q 倍，即 $U_{L0} = U_{C0} = QU$。式中，Q 称为谐振电路的品质因数，$Q = \dfrac{1}{R}\sqrt{\dfrac{L}{C}}$。若 $Q \gg 1$，则电路在接近谐振时，电感和电容上会出现超过外施电压 Q 倍的高电压，因此，串联谐振具有升压作用。

4．产生谐振的方法

根据前面的分析，若想使 RLC 串联电路产生谐振，可采取以下两种方法：

（1）改变电源的频率，使其等于 RLC 串联电路的固有频率；

（2）改变电路参数，使其固有频率等于电源频率。

5．RLC 串联电路的频率特性曲线

保持电路参数不变，改变电源频率，以电压为纵坐标，以频率为横坐标，可以得到如图 9-6 所示的频率特性曲线。对于电阻电压 u_R，除以电阻的阻值，即可以得到 RLC 串联电路的电流频率特性曲线。

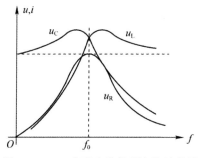

图 9-6 RLC 串联电路的频率特性曲线

【项目操作实施】

1. 测试调谐电路的选频特性

用函数信号发生器产生的正弦波模拟电磁波信号，调节电源频率，用示波器测量电源电压和电阻电压的波形，将图 9-5 所示电路调至谐振状态，选出的电源频率为 $f=$ _____ Hz。

注意：调节频率的过程中，始终保证输入电压的有效值 $U=2V$。

2. 绘制调谐电路的频率特性曲线

调节电源频率，模拟多种电磁波信号，始终保证输入电压的有效值 $U=2V$，测量图 9-5 所示电路的频率特性曲线，将数据填入表 9-2，并绘制电流的频率特性曲线。

表 9-2

f/kHz	f_0-6	f_0-4	f_0-2	f_0	f_0+2	f_0+4	f_0+6
频率值/kHz							
U_R/V							
$I=\dfrac{U_R}{R}$ mA							

3. 测量调谐电路参数

将电路调至谐振状态，电源电压有效值 $U=2V$。

（1）用示波器测量图 9-5 电路，记录谐振时电感电压和电容电压的相位差为 _____。

（2）测量图 9-5 电路谐振时电感电压、电容电压和电阻电压的有效值，并填入表 9-3 中。

表 9-3

电压	U_{C0}	U_{L0}	U_R
理论值/V			
测量值/V			

4. 拓展任务

（1）"调参法"实现电路谐振

使电路产生谐振有调频法和调参法。基本任务中我们利用调频法实现电路谐振，RLC 串联交流电路实验模块上有不同的电阻（20Ω、30Ω）、电感（1mH、10mH、22mH、100mH、350mH）和电容（2000pF、2200pF、0.015μF、0.01μF、0.1μF、1μF），如图 9-7 所示。请设计不同参数下的选频电路，选出更多的无线电信号，将参数填入表 9-4 中，并用实验的方法验证选频电路的性能。

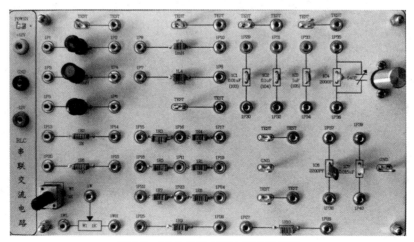

图 9-7 RLC 串联交流电路实验模块

表 9-4

电路	电阻 R	电感 L	电容 C	固有频率 f₀ 理论值	测量值	品质因数 Q
选频电路 1						
选频电路 2						
选频电路 3						
选频电路 4						
选频电路 5						
备注	完成 1 个选频电路的设计与调试算及格；完成 2 个算良好；完成 3 个以上算优秀。					

（2）焊接收音机选频电路

收音机就是有效接收发射机发出的已调制高频信号，并能将已调制高频载波还原成原来的音频信号推动扬声器或耳机工作的。无论是传统的模拟收音机，还是现代的数字收音机，它们的调台原理都是相同的。如图 9-8（a）所示为收音机的天线输入回路，主要部分是天线线圈 L_1 和由电感线圈 L（线圈电阻为 R）与可变电容 C（调谐电容）组成的串联谐振电路。当各地电台发出不同频率的电波信号被线圈 L_1 接收后，经电磁感应作用在线圈 L 上感应出相应的电动势 e_1，e_2，e_3，…，其等效电路如图 9-8（b）所示。调节 C 使电路对应于所需频率的某一信号发生谐振，例如 f_1，此时只有频率为 f_1 的电动势 e_1 在电路中谐振，即在 RLC 回路中该频率的电流最大，在可变电容两端的这种频率的电压也就较高，把挑选出来的信号通过放大、检波等环节以后，就可以收听该电台的节目。

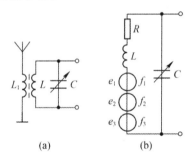

(a)　　　　　(b)

图 9-8　收音机的天线输入回路及其等效电路

本拓展环节焊接收音机所需要的元器件（收音机套件）如图 9-9 所示，收音机原理图如图 9-10 所示，元器件清单如表 9-5 所示，焊接完的收音机如图 9-11 所示。

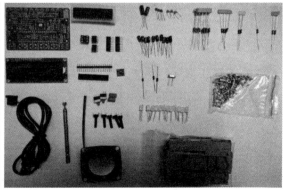

图 9-9　收音机套件

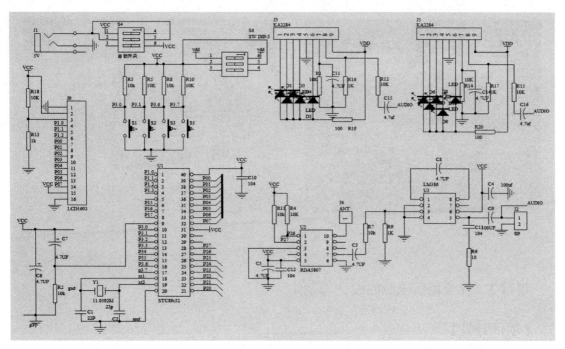

图 9-10 收音机原理图

表 9-5

序号	名称	规格	数量	序号	名称	规格	数量
1	电路板		1	17	二极管	1N4007	2
2	RDA5807		1	18	稳压二极管	3V 或 3.3V	1
3	STC89C52		1	19	LED	5mm,七彩雾光	12
4	IC 座	40P	1	20	电解电容	25V,4.7μF	10
5	LCD1602		1	21	电解电容	25V,100μF	2
6	集成电路	LM386	2	22	瓷片电容	22pF	3
7	IC 座	8P	1	23	独石电容	104	3
8	集成电路	KA2284	2	24	电阻	10Ω	1
9	晶振	11.0592MHz	1	25	电阻	100Ω	2
10	排母	16P	1	26	电阻	1kΩ	4
11	排针	半条	1	27	电阻	10kΩ	15
12	天线		1	28	电阻	6.8kΩ	2
13	扬声器		1	29	导线	20cm	1
14	电源座	DC005	1	30	自锁开关	8×8	2
15	电源线	USB 转 DC005	1	31	按键帽	8×8	2
16	按键	6×6×20	5	32	亚克力外壳		1

(a)   (b)

图 9-11 焊接完的收音机

项目 2　直流稳压电源的设计与制作

【项目背景】

电子电路工作时必须有电源向其供电，供电电源有直流和交流两种形式。电网供电主要采用交流方式，但在生产和科学实验中，例如直流电动机、电解、电镀、蓄电池的充电等场合，都需要用直流电源供电。飞机上大量的机载设备很多都需要直流电源供电，例如某型战机采用低压直流电源系统，其主电源利用交流发动机提供的 400Hz、额定电压 115/200V 的交流电压源，经过整流器整流输出 28.5V 的直流电压，作为二次电源供给相关机载设备。为了得到直流电压，除用直流发动机或蓄电池外，目前广泛采用各种半导体直流稳压电源。本项目将通过变压器、二极管、电容滤波及三端集成稳压器等的学习，掌握直流稳压电源电路的分析方法，最终设计并制作一个直流稳压电源。

【项目目标】

知识目标：

（1）说出变压器、整流、滤波和稳压电路的工作原理；

（2）完成变压器、整流、滤波和稳压环节的参数设计和元器件选择；

（3）能够按设计方案连接电路，并进行功能参数测量。

能力目标：

（1）具有自主设计直流稳压电源电路的能力；

（2）具有严谨有序、认真细致的理论与实践结合能力。

素质目标：

遵守电实验操作规程，具有较强的安全意识。

直流稳压
电源视频

【项目内容】

（1）基本任务

① 电路设计。设计输出电压为 5V、9V 或 12V 的直流稳压电源电路，输出电流小于500mA，可以使用电路仿真软件搭建电路，进行模拟测试，自行选择元器件，要求电路具有一定的过流、过热保护能力。

② 电路测试。根据电路设计原理图，搭建直流稳压电源电路，利用实验仪器设备，按要求测量各电路模块的参数。

（2）拓展任务

完成-5V 或-12V 直流稳压电源的设计与制作。根据所选择实现的直流稳压电源的输出电压，合理选择元器件，仿照基本任务，完成电路测试。

【评价标准】

项目采用评分量表（见表9-6）的形式进行考核，主要考核项目的方案设计、操作实施、拓展任务的完成情况，项目进行过程中所呈现出的职业养成情况以及项目结束后的数据处理情况等 5 个方面，每个方面按照项目完成情况结合权重进行打分，最终确定项目得分。

表 9-6　直流稳压电源实践项目评分量表

评分维度	优秀	良好	合格	不合格	评分
方案设计（20%）	1.能够逻辑清晰、层次分明地描述直流稳压电源各电路模块的工作原理； 2.能够合理设计直流稳压电源各电路模块，元器件选择恰当，全部参数标注准确； 3.能合理选用实验仪器设备，并十分清楚实验仪器设备操作规范； 4.非常了解项目注意事项。	1.能够描述直流稳压电源各电路模块的工作原理； 2.能够设计直流稳压电源各电路模块，元器件选择恰当，参数标注准确； 3.能选用实验仪器设备，了解实验仪器设备操作规范； 4.了解项目注意事项。	1.能够描述直流稳压电源各电路模块的工作原理； 2.能够设计直流稳压电源大部分的电路模块，半数以上元器件选择恰当，部分参数标注准确； 3.能选用实验仪器设备，个别实验仪器设备操作不规范； 4.了解项目注意事项。	出现下列情形 3 项以上，该项视为不合格： 1.不能描述直流稳压电源各电路模块的工作原理； 2.不能设计直流稳压电源的电路模块，半数以上元器件选择不当，参数标注不准确； 3.不会选用实验仪器设备； 4.不了解实验注意事项。	
操作实施（50%）	1.能快速、准确并自主连接整流、滤波和稳压电路，实现电路功能，连线布局合理； 2.能够自主、熟练地操作实验仪器设备，完成各电路模块参数的测试； 3.能准确画出直流稳压电源各电路模块的输出电压波形； 4.能够自主排除电路故障。	1.能自主连接整流、滤波和稳压电路，实现电路功能，连线布局合理； 2.能够自主操作实验仪器设备，完成大部分电路模块参数的测试； 3.能画出部分直流稳压电源的输出电压波形； 4.能够在教师的指导下排除电路故障。	1.能自主连接整流、滤波和稳压电路，实现部分电路功能； 2.能够自主操作实验仪器设备，完成少部分电路模块参数的测试； 3.能画出少部分直流稳压电源的输出电压波形； 4.不会排除电路故障。	出现下列情形 3 项以上，该项视为不合格： 1.不会连接整流、滤波和稳压电路，不能实现电路功能； 2.不会操作实验仪器设备，无法测试参数； 3.不会画出直流稳压电源的输出电压波形； 4.不会排除电路故障。	
拓展任务（10%）	1.能够合理选择和设计电路元件参数； 2.能快速、准确并自主连接电路，实现电路功能，连线布局合理； 3.能够自主、熟练地操作实验仪器设备，完成各电路模块参数的测试； 4.能够自主排除电路故障。	1.能够选择和设计电路元件参数； 2.能自主连接电路，实现电路功能； 3.能够操作实验仪器设备，完成大部分电路模块参数的测试； 4.能够在教师的指导下排除电路故障。	1.能够选择或设计电路元件参数； 2.能自主连接电路，实现部分电路功能； 3.能够操作实验仪器设备，完成少部分电路模块参数的测试； 4.不会排除电路故障。	出现下列情形 3 项以上，该项视为不合格： 1.不能选择和设计电路元件参数； 2.不能自主连接电路，实现部分电路功能； 3.不会操作实验仪器设备，无法测试参数； 4.不会排除电路故障。	
数据处理（15%）	1.实验数据合理有效； 2.实验曲线绘制准确； 3.实验误差分析合理； 4.实验建议科学有效。	1.实验数据合理； 2.会绘制实验曲线； 3.会分析实验误差； 4.有实验建议。	1.有实验数据； 2.绘制了实验曲线； 3.有实验误差分析； 4.有实验建议。	出现下列情形 3 项以上，该项视为不合格： 1.实验数据不全或抄袭； 2.实验曲线绘制错误； 3.没有实验误差分析； 4.没有实验建议。	

评分维度	优秀	良好	合格	不合格	评分
职业养成（5%）	1.遵守实验室管理规定，有安全用电意识； 2.认真完成实验登记； 3.爱惜实验仪器设备及元器件，设备及元器件完好； 4.爱护实验环境，实验台干净整洁； 5.自主完成实验报告，并能按时提交报告。	1.遵守实验室管理规定； 2.完成实验登记； 3.爱惜实验仪器设备及元器件； 4.实验台干净整洁； 5.自主完成实验报告。	1.遵守实验室管理规定； 2.实验登记有错忘漏； 3.爱惜实验仪器设备及元器件，个别设备或器件有损坏； 4.实验台不整洁； 5.自主完成实验报告，并能按时提交报告。	出现下列情形3项以上，该项视为不合格： 1.不遵守实验室管理规定，没有安全用电意识； 2.实验登记有错忘漏； 3.设备或元器件有损坏； 4.不爱护实验环境，实验台脏乱差； 5.实验报告数据有抄袭，或不按时提交报告。	
总分					

【项目设计方案】

项目采用的直流稳压电源实验模块如图 9-12 所示，备选元器件如下。

- 变压器：交流输入电压为 220V，交流输出电压为 5V、9V、12V。
- 二极管：1N4007。
- 电解电容：2200μF/25V、100μF/50V。
- 独石电容：0.1μF。
- 三端稳压器：LM7812、LM7809、LM7805、CX1117-3.3V、LM7912、LM7905。
- 电阻：51Ω/5W、100Ω/5W、120Ω/5W、150Ω/5W、50Ω/4W、120Ω/4W、150Ω/4W。
- 熔断器。

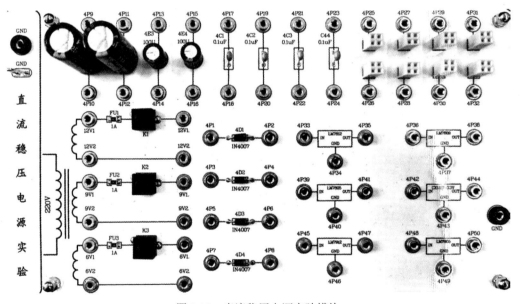

图 9-12 直流稳压电源实验模块

1. 半波整流电路设计

根据以上备选元器件，设计半波整流电路，完成表 9-7 的方案设计，画出电路原理图，标注电路参数。

表 9-7

所选择的变压器二次侧电压有效值/V (6V/9V/12V)	所选择的二极管型号	所选择的负载电阻/Ω（标明功率）	估算半波整流电路输出电压的平均值/V	估算负载的输出电流/A	估算负载的输出功率/W
	1N4007				

2. 桥式整流电路的设计

根据以上备选元器件，设计一个输出电压为 5V、9V 或 12V 直流稳压电源的桥式整流电路，完成表 9-8 的方案设计，在图 9-13 所示的桥式整流电路中标注所选电路参数。

表 9-8

所选择的直流稳压电源的输出电压/V (5V/9V/12V)	所选择的变压器二次侧电压有效值/V (6V/9V/12V)	所选择的二极管型号	所选择的负载电阻/Ω（标明功率）	估算桥式整流电路输出电压的平均值/V	估算负载的输出电流/A	估算负载的输出功率/W
		1N4007				

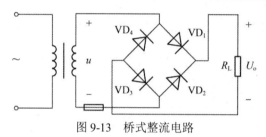

图 9-13　桥式整流电路

3. 滤波电路的设计

根据以上备选元器件，设计一个输出电压为 5V、9V 或 12V 直流稳压电源的滤波电路，完成表 9-9 的方案设计，在图 9-14 所示的桥式整流滤波电路中标注所选电路参数。

表 9-9

所选择的直流稳压电源的输出电压/V (5V/9V/12V)	所选择的变压器二次侧电压有效值/V (6V/9V/12V)	所选择的二极管型号	所选择的负载电阻/Ω（标明功率）	所选择的滤波电容/μF	估算桥式整流滤波电路输出电压的平均值/V	估算负载的输出电流/A	估算负载的输出功率/W	绘制滤波电路的输出波形
		1N4007						

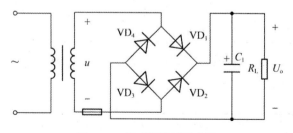

图 9-14　桥式整流滤波电路

4. 稳压电路的设计

根据以上备选元器件，设计一个输出电压为 5V、9V 或 12V 直流稳压电源的稳压电路，完成表 9-10 的方案设计，在图 9-15 所示的直流稳压电源电路中标注所选电路参数。

表 9-10

所选择的直流稳压电源的输出电压/V (5V/9V/12V)	所选择的变压器二次侧电压/V (6V/9V/12V)	所选择的二极管型号	所选择的负载电阻/Ω（标明功率）	所选择的滤波电容/μF	所选择的三端集成稳压器型号	估算稳压器输出电压的平均值/V	估算负载的输出电流/A	估算负载的输出功率/W
		1N4007						

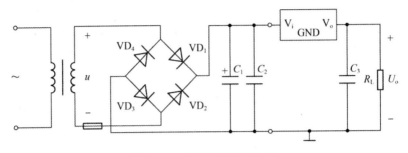

图 9-15　直流稳压电源电路

【项目操作实施】

（1）根据设计方案搭建半波整流电路，按表 9-11 要求测量电路参数。

表 9-11

测量变压器二次侧电压有效值/V	所选择的二极管型号	所选择的负载电阻/Ω（标明功率）	测量半波整流电路输出电压的平均值/V	绘制半波整流电路输出电压的波形
	1N4007			

（2）根据设计方案搭建如图 9-13 所示的桥式整流电路，测算桥式整流电路输出的相关参数，填入表 9-12，并在图 9-16 中绘制桥式整流电路输出电压的波形。

表 9-12

测量变压器二次侧电压有效值/V	所选择的二极管型号	所选择的负载电阻/Ω（标明功率）	测量桥式整流电路输出电压的周期平均值/V
	1N4007		

（3）根据设计方案继续搭建如图 9-14 所示的滤波电路，将测量参数填入表 9-13，在图 9-16 中绘制滤波电路输出电压波形。

表 9-13

测量变压器二次侧电压有效值/V	所选择的二极管型号	所选择的负载电阻/Ω（标明功率）	所选择的滤波电容/μF	测量桥式整流加滤波电路输出电压的平均值/V
	1N4007			

（4）根据设计方案继续搭建如图 9-15 所示的完整的直流稳压电源电路，将测量参数填入表 9-14，在图 9-16 中绘制稳压器输出电压波形。

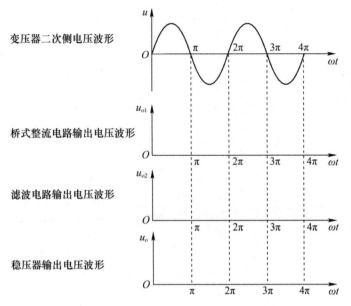

变压器二次侧电压波形	
桥式整流电路输出电压波形	
滤波电路输出电压波形	
稳压器输出电压波形	

图 9-16　直流稳压电源输出电压波形图

表 9-14

测量变压器二次侧电压/V	所选择的二极管型号	所选择的负载电阻/Ω（标明功率）	所选择的滤波电容/μF	所选择的三端集成稳压器型号	测量稳压器输出电压的平均值/V	模拟电源电压波动（即改变变压器二次侧电压，如6+9=15V），测量稳压器输出电压的平均值/V	模拟负载变化（即改变负载电阻值），测量稳压器输出电压的平均值/V
	1N4007						

（5）拓展任务：

① 制作+12V、+5V、+3.3V 的直流稳压电源。仿真电路图如图 9-17 所示，焊接完成的直流稳压电源实物图如图 9-18 所示。

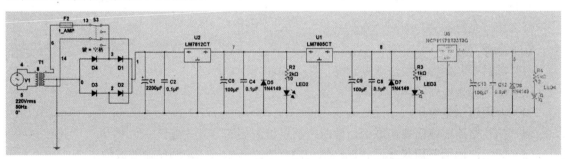

图 9-17　+12V、+5V、+3.3V 的直流稳压电源仿真电路图

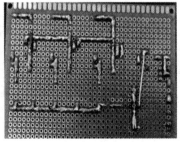

图 9-18　+12V、+5V、+3.3V 的直流稳压电源实物图

② 制作±12V、±5V、±3.3V双路正负直流稳压电源。仿真电路图如图9-19所示，焊接完成的直流稳压电源实物图如图9-20所示。

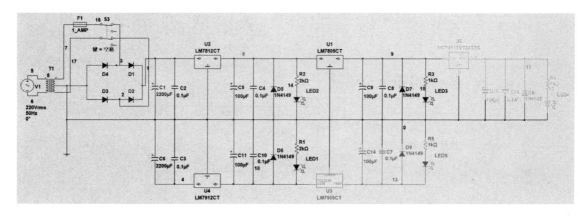

图9-19 ±12V、±5V、±3.3V的直流稳压电源仿真电路图

图9-20 ±12V、±5V、±3.3V的直流稳压电源实物图

【注意事项】

（1）项目中元器件参数选取要正确，防止损坏元器件；

（2）准确连接电路后再通电；

（3）万用表测量电压时，注意改变挡位；

（4）搭建电路前或需要串联变压器时，需要检测熔断器开关通断；

（5）因示波器两路检测线已共地，禁止同时监测变压器输出和整流滤波输出；

（6）监测整流后波形要注意参考方向。

项目3 音频放大电路的设计与制作

【项目背景】

随着现代电子技术的飞速发展，电子信息技术对空军武器装备的影响越来越大，功率放大电路作为电子技术中的典型放大电路，在机载通信、仪表、雷达显示等系统中起着至关重要的作用。

【项目目标】

知识目标：

（1）掌握焊接操作要求；

（2）识别常用元器件并正确装配；

（3）检测并排除电路故障。

能力目标：

运用理论知识分析、解决相关电路问题。

素质目标：

（1）养成严谨、细致的学习态度，体会电子产品的生产过程；

（2）遵守电实验操作规程，具有较强的安全意识。

【项目内容】

（1）基本任务

① 电路设计。设计一个音频放大电路。该电路采用 220V/50Hz 交流电源供电，可通过音频线和蓝牙模块两种方式连接音源，两路音频输出，并可显示两路音频律动效果。选择恰当的集成运算放大器、集成功率放大器，设计电路原理图（参考图 9-21），并列出元器件清单。

② 电路制作。对照电路原理图和印制电路板，识别、核对各元器件，焊接、组装并调试音频放大电路。

（2）拓展任务

① 故障排除。针对制作过程中所遇到的问题，自主排除故障，并总结分享故障排除经验和方法。

② 制作激光无线传输的音频放大电路。有余力的同学，可继续制作和调试一个激光无线传输的音频放大电路，该电路可利用红外激光传输声音，并在接收端通过扬声器播放音频信号。

【评价标准】

项目采用评分量表（见表 9-15）的形式进行考核，主要考核项目的方案设计、操作实施、拓展任务的完成情况，项目进行过程中所呈现出的职业养成情况以及项目结束后的数据处理情况等 5 个方面，每个方面按照项目完成情况结合权重进行打分，最终确定项目得分。

表 9-15 音频放大电路实践项目评分量表

评分维度	优秀	良好	合格	不合格	评分
方案设计（20%）	1.能够逻辑清晰、层次分明地描述音频放大电路主要电路模块的工作原理，以及各核心元器件的功能； 2.能够自主借助网络工具等查阅资料，十分准确地回答项目设计方案中的原理性问题； 3.能够按预习要求，观看微课视频，十分准确地回答项目设计方案中的技术性问题； 4.非常了解项目注意事项。	1.能够描述音频放大电路主要电路模块的工作原理，以及各核心元器件的功能； 2.能够自主借助网络工具等查阅资料，回答项目设计方案中的原理性问题； 3.能够按预习要求，观看微课视频，回答项目设计方案中的技术性问题； 4.了解项目注意事项。	1.能够描述音频放大电路主要电路模块的工作原理，以及各核心元器件的功能； 2.能够自主借助网络工具等查阅资料，回答项目设计方案中的原理性问题，部分问题回答准确； 3.能够按预习要求，观看微课视频，回答项目设计方案中的技术性问题，部分问题回答准确； 4.了解项目注意事项。	出现下列情形 3 项以上，该项视为不合格： 1.不能描述音频放大电路主要电路模块的工作原理，不清楚核心元器件的功能； 2.不能自主借助网络工具等查阅资料，不能准确地回答项目设计方案中的原理性问题； 3.不能按预习要求，观看微课视频，不能准确地回答项目设计方案中的技术性问题； 4.不了解项目注意事项。	

评分维度	优秀	良好	合格	不合格	评分
操作实施（60%）	1.能准确识别电路元器件，并能自主或借助工具准确识别元器件参数； 2.能够正确插接器件，元器件位置、极性正确； 3.熟悉焊接工具，焊点光亮、清洁，焊料适量，无漏焊、虚焊、搭焊等，焊接完成后，元器件引脚剪后长度小于1mm； 4.通电后，利用音频线和蓝牙模块，均能实现两路音频放大功能，并可随音乐显示两路音频律动效果； 5.能在规定的时间内准确、完整地组装音箱。	1.能识别电路元器件，并能借助工具识别元器件参数； 2.能够插接器件，元器件位置、极性正确； 3.熟悉焊接工具，焊点光亮、清洁，焊料适量，个别存在漏焊、虚焊、搭焊等，焊接完成后，元器件引脚剪后长度小于1mm； 4.通电后，利用音频线或蓝牙模块，可实现音频放大功能，可随音乐显示两路音频律动效果； 5.能准确、完整地组装音箱。	1.能识别电路元器件，并能借助工具识别元器件参数； 2.能够插接元器件，存在1～2处元器件位置、极性错误； 3.熟悉焊接工具，大部分焊点光亮、清洁，焊料适量，存在1～2处漏焊、虚焊、搭焊等，或焊接完成后，元器件引脚剪后长度过长； 4.通电后，利用音频线或蓝牙模块，可实现音频放大功能，可随音乐显示两路音频律动效果； 5.能准确、完整地组装音箱。	出现下列情形3项以上，该项视为不合格： 1.不能识别电路元器件，不会借助工具识别元器件参数； 2.能够插接元器件，存在3处以上元器件位置、极性错误； 3.不熟悉焊接工具，少部分焊点光亮、清洁，焊料适量，存在3处以上漏焊、虚焊、搭焊等，或焊接完成后，元器件引脚剪后长度过长； 4.通电后，利用音频线或蓝牙模块，都不能实现音频放大功能，不能随音乐显示两路音频律动效果； 5.不能准确、完整地组装音箱。	
拓展任务（10%）	1.能够正确观察出故障现象，正确分析故障原因，准确判断故障范围，并能自主排除故障； 2.有余力完成"激光无线传输的音频放大电路"的制作，且操作规范，功能实现效果好。	1.能够在教师的指导下，正确观察出故障现象，正确分析故障原因，准确判断故障范围，并能排除故障； 2.有余力完成"激光无线传输的音频放大电路"的制作与功能实现。	1.能观察出故障现象，在教师帮助下排除故障； 2.有余力完成"激光无线传输的音频放大电路"的制作与功能实现。	出现下列情形1项以上，该项视为不合格： 1.不会分析故障原因，不能判断故障范围，不会排除故障； 2.没有余力完成"激光无线传输的音频放大电路"的制作与功能实现。	
数据处理（5%）	1.能够逻辑清晰、层次分明、详细深刻地说出收获和反思； 2.针对项目提出有建设性的、可执行的建议。	1.能够简单地说出收获和反思； 2.针对项目提出个人的建议。	1.能够简单地说出收获和反思； 2.没有任何建议。	出现下列情形1项以上，该项为不合格： 1.没有收获和反思； 2.没有任何建议。	
职业养成（5%）	1.遵守实验室管理规定，有安全用电意识； 2.认真完成实验登记； 3.爱惜实验仪器设备及元器件，设备及元器件完好； 4.爱护实验环境，实验台干净整洁； 5.自主完成实验报告，并能按时提交报告。	1.遵守实验室管理规定； 2.完成实验登记； 3.爱惜实验仪器设备及元器件； 4.实验台干净整洁； 5.自主完成实验报告。	1.遵守实验室管理规定； 2.实验登记有错忘漏； 3.爱惜实验仪器设备及元器件，个别设备或元器件有损坏； 4.实验台不整洁； 5.自主完成实验报告，并能按时提交报告。	出现下列情形3项以上，该项视为不合格： 1.不遵守实验室管理规定，没有安全用电意识； 2.实验登记有错忘漏； 3.设备或元器件有损坏； 4.不爱护实验环境，实验台脏乱差； 5.实验报告数据有抄袭，或不按时提交报告。	
总分					

【项目原理】

图9-21为音频放大电路的原理图，既可通过蓝牙模块接收音频信号，又可通过音频线将MP3、手机等设备的左、右两路音频信号输入双联电位器KP1的输入端，两路音频信号再分

别经过电容和电阻耦合到集成功率放大芯片 CS4863 的输入端（第 11、6 脚）。CS4863 为低电压 AB 类 2.2W 立体声音频功率放大芯片，该芯片对音频功率放大后，由第 12、14 脚输出左声道音频信号，第 3、5 脚输出右声道音频信号，然后推动两路扬声器（LS1、LS2）工作。第 8、9 脚提供中点电压（2.5V），接有一个 1μF 的中点电压滤波电容。

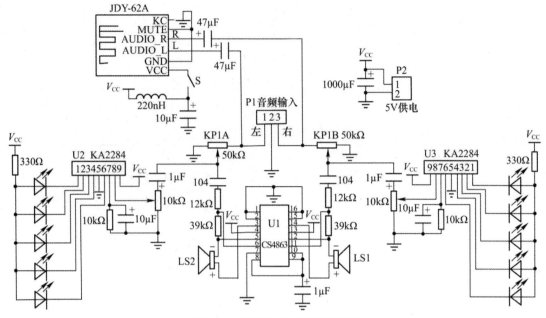

图 9-21　音频放大电路的原理图

　　KA2284 是用于 5 点 LED 电平指示的芯片，内含交流检波放大器，适用于 AC/DC 电平指示，如 VU 仪表或信号指示器。图 9-21 中，每个 KA2284 控制 5 个 LED 进行音乐频谱显示，声音越大，显示的 LED 数目越多。LED 随着音乐旋律的变化进行跳动显示，达到赏心悦目的效果。

【项目操作实施】

1. 清点核对元器件

　　图 9-21 所示音频放大电路所用到的元器件（音频放大电路套件）如图 9-22 所示，元器件列表如表 9-16 所示，焊接前，清点核对元器件。

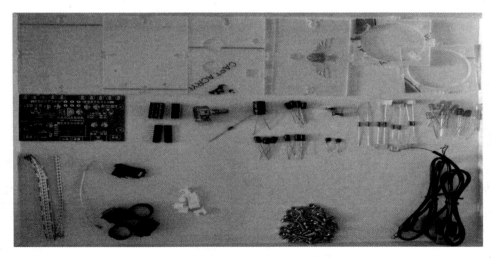

图 9-22　音频放大电路套件

表 9-16

序号	名称	规格	数量	序号	名称	规格	数量
1	电路板		1	16	电解电容	25V/1000μF	1
2	蓝牙模块		1	17	电感	200nH	1
3	芯片底座	16P	1	18	LED	φ5mm，红	2
4	芯片	LM4863	1	19	LED	φ5mm，黄	2
5	芯片	KA2284	2	20	LED	φ5mm，绿	6
6	电阻	39kΩ	2	21	USB 电源线	50cm	1
7	电阻	12kΩ	2	22	音频线	双声道	1
8	电阻	330Ω	2	23	插件端子	2P	8
9	电阻	10kΩ	2	24	自锁开关	圆形，红色	2
10	WH148 双联电位器	50kΩ	1	25	扬声器	4W/8Ω	2
11	蓝白电位器	10kΩ	2	26	导线（5V）	红色	4
12	瓷片电容	104	2	27	导线（GND）	黑色	4
13	电解电容	25V/1μF	3	28	亚克力外壳	一套 6 块	1
14	电解电容	25V/10μF	3	29	外壳配套螺钉	16+8+4	1
15	电解电容	25V/47μF	2				

2．焊接电路

（1）焊接电路板上的元器件（按照元器件由低到高的顺序焊接）。

（2）焊接扬声器和扬声器接口（注意扬声器的正、负极与电路板子的正、负极匹配）。

（3）焊接音频线接口（两个声道不做区分）。

（4）焊接 USB 电源接口（两个接口不分正、负）。

（5）焊接蓝牙模块（先焊接插针，短针插入电路板后焊接，长针套入蓝牙模块后焊接）。

3．调试电路

（1）USB 电源线连接电源，打开电源开关，输入音频信号，观察扬声器能否正常发出声音。扬声器正常发声时，观察 LED 的状态，通过调节蓝白电位器调整电平指示 LED 的灵敏度，调至合适状态。

（2）打开蓝牙模块开关，同步打开手机上的蓝牙功能，搜索并配对"BT-MUSIC"蓝牙，播放手机音频。

4．组装电路

（1）将电路板和两个扬声器用螺钉固定在外壳上（注意螺钉长短，短螺钉固定扬声器！）。

（2）安装外壳，将外壳用螺钉固定好（长螺钉固定外壳！）。

（3）作品完成，如图 9-23 所示。

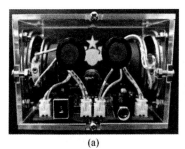

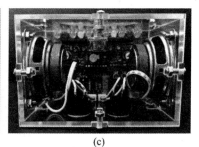

(a)	(b)	(c)

图 9-23 音频放大电路实物作品

【拓展任务】

（1）故障排除。针对制作过程中所遇到的问题，自主排除故障，并总结分享故障排除经验和方法，记录在表 9-17 中。

表 9-17

故障现象	故障分析	故障检修	经验分享

（2）制作激光无线传输的音频放大电路。激光无线传输的音频放大电路可利用红外激光传输声音，并在接收端通过扬声器播放音频信号。电路原理图如图 9-24 所示，分别用面包板搭建和 PCB 板焊接实现电路实物图如图 9-25 所示。

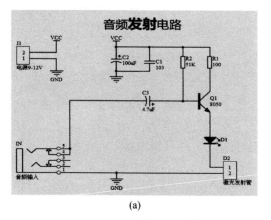
(a)

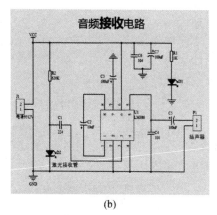
(b)

激光无线传输的音频放大电路视频

图 9-24 激光无线传输的音频放大电路原理图

(a) 面包板搭建

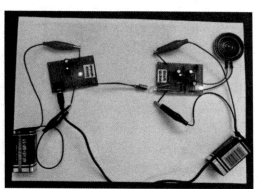
(b) PCB板焊接实现

图 9-25 激光无线传输的音频放大电路实物图

项目 4 温度超限自动报警电路的设计与制作

【项目背景】

当飞机的飞行高度、速度和飞行季节变化时，座舱的散热量会发生变化，因而座舱内的温度也会随之变化。座舱内的温度过高或过低，都会影响飞行员执行任务。为了使座舱保持合适的温度，在飞机上装有座舱温度自动调节系统。它能够自动调节座舱温度，使座舱温度保持在16～26℃内的任一调定数值上。本项目使用一些常用的电工电子元器件及传感器，设计并制作一个温度超限自动报警电路，模拟飞机座舱温度自动调节系统。

【项目目标】

知识目标：

（1）选取合适的传感器，完成温度超限自动报警电路的设计；

（2）识别元器件并正确装配；

（3）检测并排除电路故障；

（4）运用理论知识分析、解决相关电路问题。

能力目标：

（1）具有自主设计温度超限自动报警电路的能力；

（2）具有严谨有序、认真细致的理论与实践结合能力。

素质目标：

遵守电实验操作规程，具有较强的安全意识。

【项目内容】

（1）基本任务

① 电路设计。设计温度超限自动报警电路，当温度超过参考值时，能够自动进行声光报警，并具有反馈控制，将环境温度调节为正常值，系统框图如图 9-26 所示。

② 电路测试。根据电路设计原理图，搭建温度超限自动报警电路，利用实验仪器设备，按要求测量各电路模块的参数。

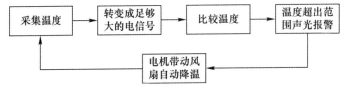

图 9-26 温度超限自动调控电路

（2）拓展任务

① 不同类型传感器的超限自动报警。根据所提供的火焰传感器或烟雾传感器的使用接线图，自主完成该传感器的超限自动报警电路的设计与制作。

② 多传感器融合的超限自动报警。温度传感器、火焰传感器和烟雾传感器同时作用，如果检测到两种或两种以上传感器的输出超限，则电路发出声光报警。

【评价标准】

项目采用评分量表（见表 9-18）的形式进行考核，主要考核项目的方案设计、操作实施、拓展任务的完成情况，项目进行过程中所呈现出的职业养成情况以及项目结束后的数据处理情况等 5 个方面，每个方面按照项目完成情况结合权重进行打分，最终确定项目得分。

表 9-18　温度超限自动报警电路实践项目评分量表

评分维度	优秀	良好	合格	不合格	评分
方案设计（20%）	1.能够逻辑清晰、层次分明地描述温度超限自动报警电路各模块的工作原理； 2.能够合理设计温度超限自动报警电路的各模块电路，元器件选择恰当，全部参数标注准确； 3.能够合理选用实验仪器设备，并十分清楚实验仪器设备操作规范； 4.非常了解项目注意事项。	1.能够描述温度超限自动报警电路各模块的工作原理； 2.能够设计温度超限自动报警电路的各模块电路，元器件选择恰当，参数标注准确； 3.能选用实验仪器设备，了解实验仪器设备操作规范； 4.了解项目注意事项。	1.能够描述温度超限自动报警电路各模块的工作原理； 2.能够设计温度超限自动报警电路的大部分模块电路，半数以上元器件选择恰当，部分参数标注准确； 3.能选用实验仪器设备，个别实验仪器设备操作不规范； 4.了解项目注意事项。	出现下列情形 3 项以上，该项视为不合格： 1.不能描述温度超限自动报警电路各模块的工作原理； 2.不能设计温度超限自动报警电路的模块电路，半数以上元器件选择不当，参数标注不准确； 3.不会选用实验仪器设备； 4.不了解实验注意事项。	
操作实施（50%）	1.能快速、准确并自主连接温度采集、电压放大、电压比较、声光报警、电机驱动电路，实现电路功能，连线布局合理； 2.能自主、熟练地操作实验仪器设备，完成各电路模块参数的测试； 3.能准确画出温度超限自动报警电路各模块输出电压的波形； 4.能够自主排除电路故障。	1.能自主连接温度采集、电压放大、电压比较、声光报警电路，实现电路功能，连线布局合理； 2.能自主操作实验仪器设备，完成大部分电路模块参数的测试； 3.能画出电压放大和电压比较电路输出电压的波形； 4.能够在教师的指导下排除电路故障。	1.能实现部分电路功能； 2.能自主操作实验仪器设备，完成少部分电路模块参数的测试； 3.电压放大和电压比较电路输出电压的波形不够准确； 4.不会排除电路故障。	出现下列情形 3 项以上，该项视为不合格： 1.不会连接电路，不能实现电路功能； 2.不会操作实验仪器设备，无法测试参数； 3.不会画出电压放大和电压比较电路输出电压的波形； 4.不会排除电路故障。	
拓展任务（10%）	1.能够举一反三地完成火焰和烟雾超限自动报警电路的设计和制作； 2.能够快速、准确并自主连接电路，实现电路功能，连线布局合理； 3.能够完成三种传感器同时作用，有两种以上传感器超限即报警； 4.能够自主排除电路故障。	1.能够举一反三地完成火焰和烟雾超限自动报警电路的设计和制作； 2.能自主连接电路，实现电路功能； 3.能够在教师的指导下排除电路故障。	1.能够举一反三地完成火焰或烟雾超限自动报警电路的设计和制作； 2.能自主连接电路，实现部分电路功能； 3.能够操作实验仪器设备，完成少部分电路模块参数的测试； 4.不会排除电路故障。	出现下列情形 3 项以上，该项视为不合格： 1.不能选择和设计电路元器件参数； 2.不能自主连接电路，实现部分电路功能； 3.不会操作实验仪器设备，无法测试参数； 4.不会排除电路故障。	
数据处理（15%）	1.实验数据合理有效； 2.实验曲线绘制准确； 3.实验误差分析合理； 4.实验建议科学有效。	1.实验数据合理； 2.会绘制实验曲线； 3.会分析实验误差； 4.有实验建议。	1.有实验数据； 2.绘制了实验曲线； 3.有实验误差分析； 4.有实验建议。	出现下列情形 3 项以上，该项视为不合格： 1.实验数据不全或抄袭； 2.实验曲线绘制错误； 3.没有实验误差分析； 4.没有实验建议。	

评分维度	优秀	良好	合格	不合格	评分
职业养成（5%）	1.遵守实验室管理规定，有安全用电意识； 2.认真完成实验登记； 3.爱惜实验仪器设备及元器件，设备及元器件完好； 4.爱护实验环境，实验台干净整洁； 5.自主完成实验报告，并能按时提交报告。	1.遵守实验室管理规定； 2.完成实验登记； 3.爱惜实验仪器设备及元器件； 4.实验台干净整洁； 5.自主完成实验报告。	1.遵守实验室管理规定； 2.实验登记有错忘漏； 3.爱惜实验仪器设备及元器件，个别设备或元器件有损坏； 4.实验台不整洁； 5.自主完成实验报告，并能按时提交报告。	出现下列情形3项以上，该项视为不合格： 1.不遵守实验室管理规定，没有安全用电意识； 2.实验登记有错忘漏； 3.设备或元器件有损坏； 4.不爱护实验环境，实验台脏乱差； 5.实验报告数据有抄袭，或不按时提交报告。	
总分					

【项目方案设计】

项目采用的备选元器件如下。

- 电阻：固定电阻 1kΩ、5.1kΩ、10kΩ，可调电阻 10kΩ。
- 发光二极管（LED）。
- 芯片：LM358、CD4011。
- 三极管：8050 或 9013。
- 传感器：温度传感器 LM35、火焰传感器模块、烟雾传感器模块。
- 继电器模块。
- 小型直流电机。

温度超限自动报警电路的参考电路如图 9-27（a）所示，用面包板搭建温度超限自动报警电路的实物如图 9-27（c）所示，温度超限自动调控电路实物如图 9-27（d）所示。

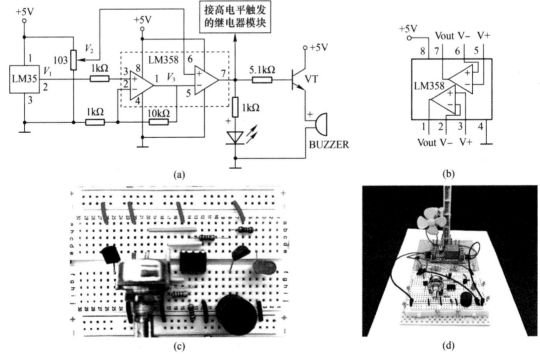

图 9-27　温度超限自动调控电路

【项目操作实施】

1. 温度采集电路

（1）对于直流电压或电位的测量，使用_____测量。

（2）按照图 9-28 测量温度传感器 LM35 的输出电压，填入表 9-19。

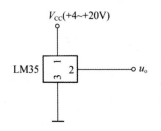

表 9-19

条件	输出电压 u_o/V
室温	
手触摸加热	

图 9-28 温度采集电路

2. 电压（集成运算放大器构成的同相比例运算）放大电路

（1）按图 9-29 连接电路，计算电路的放大倍数。

（2）怎样得到变化的 U_i？试在图 9-29 中补画出能实现变化的 U_i 的电路图。

（3）将测量数据填入表 9-20。

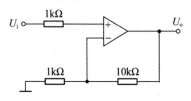

表 9-20

U_i/V	0.2	0.3	0.5	1
U_o/V				
$A_f = U_o/U_i$				

图 9-29 电压放大电路

（4）输入幅值为 0.1V、频率为 500Hz 的正弦交流电压，试在图 9-30 中画出输入、输出电压的波形图（要求：记录两个周期）。

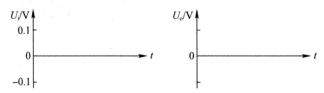

图 9-30 输入、输出电压的波形

3. 电压比较电路（集成运算放大器构成的电压比较器）

（1）按图 9-31（a）连接电路，调节 103 电阻，输出 1V 参考电压。

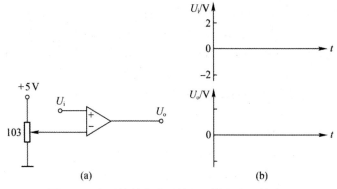

图 9-31 电压比较电路及输入、输出电压的波形

（2）输入幅值为 2V、频率为 500Hz 的正弦交流电压，在图 9-31（b）中记录输入、输出电压的波形（要求：记录两个周期）。

4．声光报警电路

按图 9-32 连接电路，输入端分别为接地和接+5V 两种情况，观察电路现象并记录三极管 3 个电极的电位，判断三极管 VT 的工作状态，数据填入表 9-21。

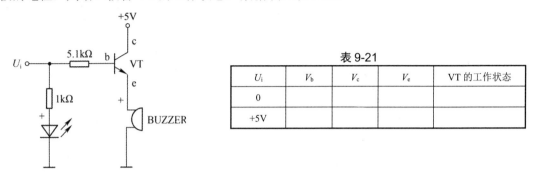

图 9-32　声光报警电路

表 9-21

U_i	V_b	V_c	V_e	VT 的工作状态
0				
+5V				

5．电机驱动电路

（1）直流电机如图 9-33（a）所示，先焊接两根导线，再将其安装在立柱上，装上扇叶。

（2）将电机与继电器常开触点 NO 端、公共 COM 端串联，按图 9-33（b）所示连接。

（3）继电器模块的 DC+、DC-连接到电源上，注意极性，如图 9-33（c）所示。

（4）电压比较电路的输出端连接继电器模块的触发信号输入端（IN），跳帽安装在 H 端。

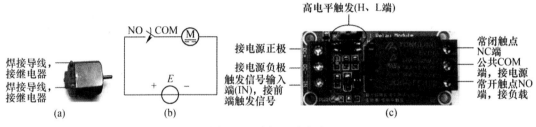

图 9-33　电机驱动电路

6．温度超限自动报警电路

（1）设计并搭建一个温度超限自动报警电路，参考电路如图 9-27（a）所示。

（2）在温度超限自动报警电路的基础上，进行反馈控制，即当温度高于一定温度时发出声光报警，并自动驱动降温装置，实现温度的自动调控。

【拓展任务】

（1）体会不同类型传感器的超限自动报警。根据所提供的火焰传感器或烟雾传感器的使用接线图，如图 9-34 所示，检测到烟雾或者火光时，烟雾传感器、火焰传感器的 DO 端均输出低电平。试着自主完成该传感器的超限自动报警电路的设计与制作，画出电路连接示意图。

（2）多传感器融合的超限自动报警。当温度传感器、火焰传感器和烟雾传感器同时作用时，如果检测到两种或两种以上传感器的输出超限，则电路发出声光报警。

【注意事项】

（1）应保证电路连接无误后再通电源，禁止带电操作。

（2）使用函数信号发生器和示波器时，必须与电路共地。

（3）注意区分静态、动态参数的测量，直流输入电压或电位测量以万用表为准，交流信号以示波器测量为准。

（4）连接电机的过程中要注意电机的正、反转。

(a) 烟雾传感器的正、反面　　　　　(b) 烟雾传感器的接线图　　　　　(c) 火焰传感器的接线图

图 9-34　烟雾传感器和火焰传感器

项目 5　计数显示电路的设计与制作

【项目背景】

计数器是数字系统中的基本单元，在数字电路中应用十分广泛，可用于计算触发脉冲的个数、数学运算、时钟脉冲分频和定时等。例如，在公共场所使用的客流量计数设备，其内部就含有计数器。一般计数设备内部采用红外发射接收技术，发射源和接收源分别装在公共场所入口的两侧，有人经过时，会阻挡发射源发射的红外线，接收源接收不到信号，则计数器的时钟脉冲跳变一次，计数器计一次数，以此类推，达到统计人数的目的。

计数器通常有 3 种分类方式。按照计数器中触发器是否同时翻转，可将计数器分为同步计数器和异步计数器；按照计数过程中数字增减分类，可将计数器分为加法计数器、减法计数器和可逆计数器，随时钟信号（CP）不断增加的为加法计数器，不断减少的为减法计数器，可增可减的称为可逆计数器；按照计数器的计数进制分类，可将计数器分为二进制计数器、十进制计数器等，这里计数器的计数进制也就是输出的状态数目，也称为计数器的模，一定数目的触发器所对应的模是一定的，例如 3 个触发器，只能最大对应 8 个状态，即计数器的模最大为8。表 9-22 列出了几种常用的集成计数器芯片。

表 9-22　几种常用的集成计数器芯片

触发器的 CP 之间的关系	型号	计数模式	清零方式	预置数方式
同步	74LS160	十进制加法计数器	异步（低电平有效）	同步（低电平有效）
	74LS161	4 位二进制加法计数器	异步（低电平有效）	同步（低电平有效）
	74LS162	十进制加法计数器	同步（低电平有效）	同步（低电平有效）
	74LS163	4 位二进制加法计数器	同步（低电平有效）	同步（低电平有效）
	74LS190	单时钟可逆十进制计数器	无	异步（低电平有效）
	74LS191	单时钟可逆 4 位二进制计数	无	异步（低电平有效）
	74LS192	双时钟可逆十进制计数器	异步（高电平有效）	异步（低电平有效）
	74LS193	双时钟可逆 4 位二进制计数器	异步（高电平有效）	异步（低电平有效）
异步	74LS290	二-五-十进制加法计数器	异步（高电平有效）	预置 9，异步（高电平有效）
	74LS293	二-八-十六进制加法计数器	异步（高电平有效）	无
	74LS90	二-五-十进制加法计数器	异步（高电平有效）	预置 9，异步（高电平有效）
	74LS92	二-六-十二进制加法计数器	异步（高电平有效）	无
	74LS93	二-八-十六进制加法计数器	异步（高电平有效）	无

【项目目标】

知识目标：

（1）能根据设计需求，设计 10 以内的任意进制计数器；

（2）参照表 9-22，熟练使用 74LS161 等集成计数器芯片；

（3）合理选择计数脉冲产生方式及计数结果的显示方式；

（4）搭建电路，实现任意进制的计数功能。

能力目标：

（1）具有自主设计计数显示电路的能力；

（2）具有严谨有序、认真细致的理论与实践结合能力。

素质目标：

通过设计和实现计数显示电路，提高信息素养和工程素养，加强创新意识。

【项目内容】

（1）基本任务

① 电路设计。设计一个 10 以内任意进制的计数显示电路，能够根据设计要求，设计计数电路，并合理选择显示方式显示计数结果。

② 电路测试。根据电路原理图，搭建计数电路并显示计数结果，借助实验仪器设备，测试芯片功能，排除电路故障。

（2）拓展任务

① 增加清零和暂停计数功能。在原有计数电路的基础上，增加清零和暂停计数功能。

② 实现减法计数功能。在原有计数电路的基础上，通过改进电路，实现减法计数功能。

③ 现场更改计数功能。在原有计数电路的基础上，根据改进需求，现场改进计数电路。

④ 抽取盲盒芯片，完成盲盒任务。现场抽取除 74LS161 以外的集成计数器芯片 74LS163 或 74LS192，设计并实现 10 以内任意进制的计数功能。

⑤ 完成 100 以内任意进制计数电路设计与制作。仿照基本任务，完成电路设计与制作。

【评价标准】

项目采用评分量表的形式（见表 9-23）进行考核，主要考核项目的方案设计、操作实施、拓展任务的完成情况，项目进行过程中所呈现出的职业养成情况以及项目结束后的数据处理情况等 5 个方面，每个方面按照项目完成情况结合权重进行打分，最终确定项目得分。

表 9-23　计数显示电路实践项目评分量表

评分维度	优秀	良好	合格	不合格	评分
方案设计（20%）	1.能根据设计需求，设计 10 以内任意进制的计数电路，电路图画法规范，全部参数标注准确； 2.能合理选择计数脉冲产生方式及计数结果的显示方式； 3.能合理选用实验仪器设备，并十分清楚实验仪器设备操作规范； 4.非常了解项目注意事项。	1.能根据设计需求，设计 10 以内任意进制的计数电路，电路图画法规范，全部参数标注准确，存在 1～2 处错误； 2.能在教师指导下，选择计数脉冲产生方式及计数结果的显示方式； 3.能选用实验仪器设备，了解实验仪器设备操作规范； 4.了解项目注意事项。	1.能根据设计需求，设计 10 以内任意进制的计数电路，电路图画法规范，全部参数标注准确，存在多处错误，在教师指导下均能自主修正错误； 2.能在教师指导下，选择计数脉冲产生方式及计数结果的显示方式； 3.能选用实验仪器设备，个别实验仪器设备操作不规范； 4.了解项目注意事项。	出现下列情形 3 项以上，该项视为不合格： 1.不能根据设计需求，设计 10 以内任意进制的计数电路； 2.半数以上元器件选择不当，参数标注不准确； 3.不会选用实验仪器设备； 4.不了解实验注意事项。	

评分维度	优秀	良好	合格	不合格	评分
操作实施（50%）	1.能够参照集成计数器功能表，熟练使用74LS161等集成计数器芯片； 2.能快速、自主连接计数显示电路，连线布局合理。 3.能自主排除电路故障，实现电路功能。	1.能够参照集成计数器功能表，使用74LS161集成计数器芯片； 2.能自主连接计数显示电路，连线布局基本合理。 3.能自主排除电路故障，实现电路功能。	1.能在教员指导下使用74LS161集成计数器芯片； 2.能自主连接计数显示电路，连线布局有些凌乱。 3.能在教师指导下排除电路故障，实现电路功能。	出现下列情形3项以上，该项视为不合格： 1.芯片安装错误； 2.芯片选择错误； 3.不会连接电路； 4.不能实现电路功能； 5.不会排除电路故障。	
拓展任务（10%）	1.能合理选择元器件参数和设计电路； 2.能快速、准确并自主连接电路，实现100以内任意进制计数显示电路功能，连线布局合理； 3.有其他设计方案； 4.能自主排除电路故障。	1.能够选择元器件参数和设计电路； 2.能自主连接电路，实现100以内任意进制计数显示电路功能； 3.有其他设计方案； 4.能够在教师的指导下排除电路故障。	1.能够选择元器件参数或设计电路； 2.能自主连接电路，实现部分电路功能； 3.有其他设计方案，但没能实现； 4.不会排除电路故障。	出现下列情形3项以上，该项视为不合格： 1.不能选择元器件参数和设计电路； 2.不能自主连接电路，实现部分电路功能； 3.没有其他方案； 4.不会排除电路故障。	
数据处理（15%）	1.实验数据合理有效； 2.实验曲线绘制准确； 3.实验误差分析合理； 4.实验建议科学有效。	1.实验数据合理； 2.会绘制实验曲线； 3.会分析实验误差； 4.有实验建议。	1.有实验数据； 2.绘制了实验曲线； 3.有实验误差分析； 4.有实验建议。	出现下列情形3项以上，该项视为不合格： 1.实验数据不全或抄袭； 2.实验曲线绘制错误； 3.没有实验误差分析； 4.没有实验建议。	
职业养成（5%）	1.遵守实验室管理规定，有安全用电意识； 2.认真完成实验登记； 3.爱惜实验仪器设备及元器件，设备及元器件完好； 4.爱护实验环境，实验台干净整洁； 5.自主完成实验报告，并能按时提交报告。	1.遵守实验室管理规定； 2.完成实验登记； 3.爱惜实验仪器设备及元器件； 4.实验台干净整洁； 5.自主完成实验报告。	1.遵守实验室管理规定； 2.实验登记有错忘漏； 3.爱惜实验仪器设备及元器件，个别设备或元器件有损坏； 4.实验台不整洁； 5.自主完成实验报告，并能按时提交报告。	出现下列情形3项以上，该项视为不合格： 1.不遵守实验室管理规定，没有安全用电意识； 2.实验登记有错忘漏； 3.设备或元器件有损坏； 4.不爱护实验环境，实验台脏乱差； 5.实验报告数据有抄袭，或不按时提交报告。	
总分					

【项目方案设计】

1．芯片功能

4位同步二进制加法计数器74LS161的芯片实物和引脚排列如图9-35所示，表9-24所示为74LS161芯片的功能表。

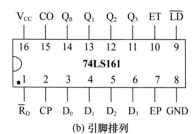

(a) 芯片实物　　　　　　　(b) 引脚排列

图9-35　74LS161芯片

表 9-24　74LS161 芯片功能表

$\overline{R_D}$	$\overline{L_D}$	EP	ET	CP	D_3	D_2	D_1	D_0	Q_3	Q_2	Q_1	Q_0
0	×	×	×	×	×	×	×	×	0	0	0	0
1	0	×	×	↑	d_3	d_2	d_1	d_0	d_3	d_2	d_1	d_0
1	1	0	×	×	×	×	×	×	保持			
1	1	×	0	×	×	×	×	×				
1	1	1	1	↑	×	×	×	×	计数			

2．电路设计

试用 3 种不同的方法，设计一个八进制计数电路，计数方式可以是 0000～1111 中的任意 8 种状态。74LS161 芯片的引脚排列如图 9-35（b）所示，芯片 74LS20 和 74LS00 的引脚排列如图 9-36 所示。脉冲产生电路和译码显示电路示例如图 9-37 所示。

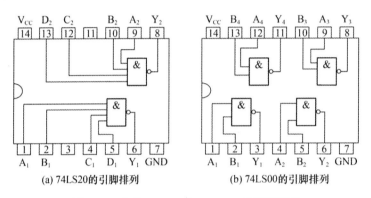

图 9-36　芯片 74LS20 和 74LS00 的引脚排列

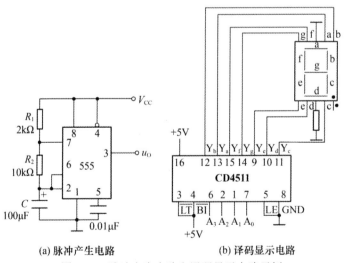

(a) 脉冲产生电路　　　(b) 译码显示电路

图 9-37　脉冲产生电路和译码显示电路示例

【项目操作实施】

完成八进制计数器的设计与制作。脉冲产生方式、译码显示方式自选，可选择电工电子综合实验系统实现或采用面包板搭建，计数实现方法不限，示例如图 9-38 所示。

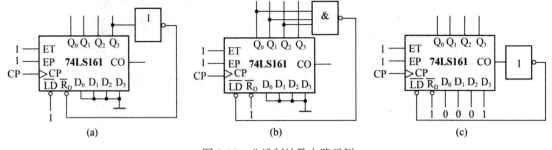

图 9-38　八进制计数电路示例

【拓展任务】

可能用到的芯片功能表和引脚排列如图 9-39 所示。

（1）增加清零和暂停计数功能。说明电路如何实现清零和暂停计数的功能，画出实现方案的电路。

（2）实现减法计数功能。说明电路如何实现减法计数功能，画出实现方案的电路。

（3）现场更改计数功能。改进的电路是几进制计数器？画出实现方案的电路。

（4）抽取盲盒芯片，完成盲盒任务。抽到的盲盒芯片是什么？它与 74LS161 芯片有什么区别？试画出用其实现八进制计数电路，标出引脚号。

（5）完成 100 以内任意进制计数电路的设计与制作。仿照基本任务，完成电路设计，画出电路图，标出引脚号。

输　入									输　出			
$\overline{R_D}$	CP	$\overline{LD}$	EP	ET	D_3	D_2	D_1	D_0	Q_3	Q_2	Q_1	Q_0
0	↑	×	×	×	×	×	×	×	0	0	0	0
1	↑	0	×	×	d_3	d_2	d_1	d_0	d_3	d_2	d_1	d_0
1	↑	1	0	×	×	×	×	×	保　　持			
1	↑	1	×	0	×	×	×	×	保　　持			
1	↑	1	1	1	×	×	×	×	计　　数			

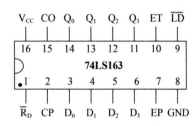

(a) 74LS163功能表及引脚排列

输　入								输　出			
MR	$\overline{PL}$	CP_U	CP_D	P_3	P_2	P_1	P_0	Q_3	Q_2	Q_1	Q_0
1	×	×	×	×	×	×	×	0	0	0	0
0	0	×	×	d	c	b	a	d	c	b	a
0	1	↑	1	×	×	×	×	加计数			
0	1	1	↑	×	×	×	×	减计数			

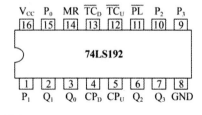

(b) 74LS192功能表及引脚排列

图 9-39　可能用到的芯片功能表和引脚排列

用面包板搭建的 LED 和数码管显示计数结果的十进制计数器实物图如图 9-40 和图 9-41 所示。

【注意事项】

（1）电路设计图上的芯片引脚号要标注准确；

（2）芯片使用前，可借助仪器检验芯片功能是否正确；

（3）应保证电路连接无误后再通电源，禁止带电操作；

（4）万用表测量电压时注意改变挡位。

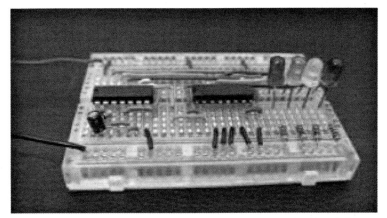

图 9-40　用面包板搭建的 LED 显示计数结果的十进制计数器实物图

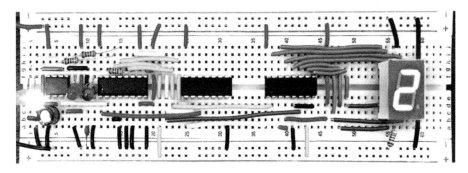

图 9-41　用面包板搭建的 LED 和数码管同时显示计数结果的十进制计数器实物图

参 考 文 献

[1] 程继航，宋暖. 电工电子技术基础. 2 版. 北京：电子工业出版社，2022.

[2] 杨飒，张辉，樊亚妮. 电路与电子线路实验教程. 北京：清华大学出版社，2018.

[3] 闫爱云，张莹，杨楠，等. 电路与电子学（第 5 版）实验教程. 北京：电子工业出版社，2020.

[4] 刘东梅. 电路实验教程. 北京：高等教育出版社，2020.

[5] 杨欣，胡文锦，张延强. 实例解读模拟电子技术完全学习与应用. 北京：电子工业出版社，2013.

[6] 王晓鹏. 面包板电子制作 68 例. 北京：化学工业出版社，2012.

[7] 程继航. Multisim13 电工电子技术教学仿真实验实例. 北京：蓝天出版社，2016.

反侵权盗版声明

　　电子工业出版社依法对本作品享有专有出版权。任何未经权利人书面许可，复制、销售或通过信息网络传播本作品的行为；歪曲、篡改、剽窃本作品的行为，均违反《中华人民共和国著作权法》，其行为人应承担相应的民事责任和行政责任，构成犯罪的，将被依法追究刑事责任。

　　为了维护市场秩序，保护权利人的合法权益，我社将依法查处和打击侵权盗版的单位和个人。欢迎社会各界人士积极举报侵权盗版行为，本社将奖励举报有功人员，并保证举报人的信息不被泄露。

举报电话：（010）88254396；（010）88258888

传　　真：（010）88254397

E-mail：　dbqq@phei.com.cn

通信地址：北京市万寿路 173 信箱
　　　　　电子工业出版社总编办公室

邮　　编：100036